X.media.press

Springer
Berlin
Heidelberg
New York
Hongkong
London
Mailand
Paris
Tokio

Thomas Maschke, 1956 in Hamburg geboren, lebt seit seiner frühesten Jugend in kleinen Dörfern rund um Bamberg in Franken und möchte weder diesen Landstrich noch das Landleben missen. Er ist seit vielen Jahren freischaffend als Autor und Fotograf tätig und möchte auch auf die dadurch gewonnene Freiheit nicht verzichten. Seine weit gestreuten Interessensgebiete haben ihn Bücher über Foto, Video, Design und Computer schreiben lassen. Im Laufe der Jahre hat er weit über vierzig Fachbücher und ungezählte Fachartikel veröffentlicht. Schwerpunkte seiner Arbeit liegen im Computerbuchbereich (Macintosh!), daneben publiziert er regelmäßig in Zeitschriften, reist, fotografiert und schreibt unter anderem für die Zeitschrift „tours".

Thomas Maschke

Digitale Kameratechnik

Technik digitaler Kameras in Theorie und Praxis

Durchgehend vierfarbig illustriert

Springer

Thomas Maschke

Friedensstraße 14
96182 Reckendorf
thomaschke@compuserve.de

ISBN 978-3-642-62177-2 ISBN 978-3-642-18583-0 (eBook)
DOI 10.1007/978-3-642-18583-0

ISSN 1439-3107

Bibliografische Information der Deutschen Bibliothek
Die Deutsche Bibliothek verzeichnet diese Publikation in der
Deutschen Nationalbibliografie; detaillierte bibliografische Daten
sind im Internet über <http://dnb.ddb.de> abrufbar.

Ursprünglich erschienen bei Springer-Verlag Berlin Heidelberg New York 2004
Softcover reprint of the hardcover 1st edition 2004

Umschlaggestaltung: KünkelLopka, Heidelberg
Satz: Belichtungsfertige Daten vom Autor

Gedruckt auf säurefreiem Papier 33/3142 GF 543210

Vorwort

Man muss kein Prophet mehr sein, um zu sehen, dass wir im Augenblick einer Revolution der mittlerweile gut 150 Jahre alten konventionellen Fotografie beiwohnen und dass sich die digitale Fotografie auf immer breiterer Front durchsetzt. Im Jahr 2001 hat die digitale Fotografie die analoge erstmals komplett überholt: Es wurden sowohl mehr Umsatz als auch größere Stückzahlen mit dem Verkauf digitaler Kameras erzielt.

Was den Übergang von der analogen zur digitalen Fotografie und deren augenblicklichen und künftigen Erfolg angeht, kann man es kaum besser auf den Punkt bringen als mein Kollege Arthur H. Bleich, der Ungläubigen nur eine Frage zu stellen hat: „Wie viele Fotografen kennen Sie, die noch Glasplatten beschichten?“

Wir dürfen die Entwicklung und Einführung einer völlig neuartigen Technologie hautnah miterleben. In nicht allzu ferner Zukunft werden Computer ebenso wie digitale Kameras etwas völlig Selbstverständliches und die Lebenszyklen einzelner Geräte ähnlich lang sein, wie wir es heute von anderen Konsumgütern gewohnt sind. Andererseits werden die Menschen dann mit dem leben müssen, was wir heute aus der Computertechnik gemacht haben. Es ist an uns, das Beste daraus zu machen.

Seit ein paar Jahren ist die digitale Fotografie fester Bestandteil im professionellen Bereich; bei den Semiprofis und Amateuren setzten die zunächst horrenden Preise Grenzen. Diese Hürde ist genommen. Digitale Kameras sind heute kaum mehr teurer als vergleichbare konventionelle Geräte. Ob Sie nun eine digitale oder eine analoge Kamera kaufen möchten und ob Sie 500 Euro oder 50.000 Euro ausgeben möchten: Unterm Strich haben Sie beide Male hervorragende Alternativen.

Digitale Fotografie kann etliche Vorteile in die Waagschale werfen: Unmittelbare Aufnahmekontrolle, schnelle Verfügbarkeit der Aufnahmen, digitale Kopien in beliebiger Zahl, vielfältige Weiterbearbeitungs- und Ausgabemöglichkeiten. Was die Sofortbildfotografie einst – in Teilbereichen – versprach, erfüllt digitale Fotografie heute auf ganzer Linie.

Auch die (mangelnde) Qualität ist heute kein Gegenargument mehr: Mit einer guten Kamera mit vier oder fünf Megapixeln sind je nach Qualität von Objektiv, Chip und Software befriedigende bis ausgezeichnete Ausdrucke bis DIN A3 möglich: das ist größer, als die meisten von uns je nutzen werden. Kein Zweifel, dass die digitale Fotografie der konventionellen den Rang abläuft.

Digitale Kameras sind die Zukunft und die Gegenwart.

Digitale Produktion

Das Manuskript zu diesem Buch wurde mit viel Freude (am Schreiben und am Gerät) auf einem *PowerBook G4/800* verfasst. Teile wurden diktiert *(Olympus Pearlcorder S928)* und von einem Schreibservice abgetippt; der gesamte Text ist in *Word X* überarbeitet und korrigiert worden, er wurde dann in *RagTime X* layoutet und für den Druck in ein PDF überführt.

Die Beispielfotos stammen aus unterschiedlichen Quellen: Teilweise wurden analoge Fotos digitalisiert (auch auf Photo-CD), zum Großteil aber wurden sie mit folgenden Digitalkameras aufgenommen: *Kodak DCS 620x, Minolta Dimage V, Minolta Dimage 7* und *Dimage 7i, Nikon Coolpix 950* und *Coolpix 990, Nikon D1, Sony Cybershot DSC-S70* und *Sony DSC-P1*. Für die Bildbearbeitung wurden der *GraphicConverter* und *Adobe Photoshop* eingesetzt.

Danksagung

An dieser Stelle möchte ich ganz besonders meinem Freund und Ratgeber Thomas Heinemann danken, der all meine – mehr oder weniger wirren und ungeordneten – Gedanken und Ideen überdacht und gegengelesen hat. Der meinem Manuskript mit sehr viel Mühe und noch mehr Sachkenntnis zu Leibe gerückt ist und sein Möglichstes und Bestes getan hat, aus diesem Manuskript ein gutes Buch zu machen. Danke schön, lieber Thomas.

Franken, im Frühjahr 2004

Thomas Maschke

Inhaltsverzeichnis

Kapitel 1 – Kameratypologie

Kapitel 2 – Bildsensoren

Kapitel 3 – Das (digitale) Objektiv

Kapitel 5 – Ausstattung

Kapitel 7 – Energieversorgung

Kapitel 8 – Zubehör

Kapitel 9 – Zeitreise

Kapitel 1

Kameratypologie

1.1 Aufnahmeformat und Suchertyp

Traditionell werden Kameras grundsätzlich mittels zweier Charakteristika klassifiziert: Aufnahmeformat und Suchertyp. So wird zwischen Kleinbild (Aufnahmeformat 24 x 36 mm), Mittelformat (Aufnahmeformat zwischen 4,5 x 6 cm und 6 x 9 cm) und Großformat (Aufnahmeformat ab 9 x 12 cm bis zu 20 x 25 cm und mehr) unterschieden.

Daneben spielt die Bauform der Kamera – insbesondere die Art, wie das aufzunehmende Motiv dem Betrachter dargestellt wird – eine wichtige Rolle. Hier sind Sucherkameras (Bilddarstellung im separaten Sucher), Spiegelreflexkameras (Bilddarstellung durch das Objektiv) und Balgen- respektive Studiokameras (Bilddarstellung auf einer Mattscheibe in der Filmebene) zu nennen.

Auch im digitalen Bereich hat sich die Vielfalt unterschiedlicher Kamerakonzepte erhalten. Fotos von links: Sinar, Minolta, Olympus, Kodak

Die Bauformen der Kameras haben sich auch in der digitalen Welt erhalten. So werden hier gleichermaßen Spiegelreflex- wie Sucherkameras angeboten. Änderungen gab es hinsichtlich des Aufnahmeformats, das in der digitalen Fotografie keine verlässliche Angabe über die (technische) Bildqualität erlaubt. Die Größe eines Bildsensors spielt zunächst einmal keine Rolle. Wichtig ist vor allem, wie hoch er auflöst, das heißt, wie viele Bildpunkte der Sensor aufzeichnen kann (siehe folgendes Kapitel).

1.2 Optische Sucher

1.2.1 Durchsichtsucher

Bei einer Sucherkamera sehen Sie das Bild nicht wie bei einer Spiegelreflexkamera durch das Objektiv, sondern durch einen separaten optischen Sucher über oder neben dem Objektiv, weshalb Scharfstellung und Schärfentiefe auch nicht im Sucher beurteilt werden können.

Die Vorteile dieser Konstruktion liegen in einem sehr hellen Sucherbild und einer vergleichsweise einfachen Konstruktion. Der Typus Sucherkamera findet sich deshalb vor allem bei den preiswerteren digitalen Modellen.

Links neben dem Blitz die kleine Öffnung des optischen Suchers; schräg links darunter die Infrarot-Scharfstellung. Foto: Nikon

Die fotografischen Möglichkeiten entsprechen bei einfachen Modellen denen, die auch mit einer einfachen konventionellen Kompaktkamera zu erzielen wären. Das bedeutet, es ist nur geringe Einflussnahme auf Bildgestaltung und Belichtung möglich.

Besondere Anforderungen, die fotografischen Aufgaben betreffend, können diese Kameras demnach nicht erfüllen. Brennweitenwahl und Belichtungskorrekturen sind, wenn überhaupt, nur eingeschränkt möglich.

Es werden aber auch hochwertige digitale Sucherkameras angeboten, die anderen Konstruktionen in nichts nachstehen und die sehr gute Zoomobjektive und ausgefeilte Belichtungsprogramme zu bieten haben.

Sucherkameras können sehr handlich und deshalb immer dabei sein.
Foto: Minolta

Zu beachten ist, dass das Bild durch den optischen Sucher für den Fotografen gegenüber der eigentlichen Aufnahme immer mehr oder weniger versetzt erscheint. Der Sucher ist so einjustiert, dass diese Missweisung von Sucher und Aufnahmeoptik (Parallaxe) im Fernbereich nicht relevant ist. Im Nahbereich jedoch schaut der Fotograf unter Umständen über das eigentliche Motiv hinweg. Ist das Motiv im Sucher sichtbar, sieht das Objektiv etwas völlig anderes – Sucherbild und Aufnahme decken sich nicht mehr.

Je preiswerter die Kamera, um so kritischer die Parallaxe. Bei diesen Modellen ist auch im Fernbereich die genaue Wahl des Bildausschnitts nicht exakt möglich, denn die Bildfeldabdeckung von Sucher- und Aufnahmebild entsprechen einander auch hier nicht exakt. Doch dafür haben sie ja einen LC-Monitor zur Kontrolle.

Ob die Aufnahme gelungen ist, lässt sich bei digitalen Sucherkameras sofort auf dem Monitor überprüfen.
Foto: Minolta

Im hellen Sonnenschein ist der aber nicht unbedingt eine große Hilfe. Sie können in dem Fall auch den Bildausschnitt etwas großzügiger wählen und etwas „Fleisch" um das eigentliche Motiv lassen. Der endgültige Bildausschnitt kann später bestimmt werden.

Bedenken Sie bei der Wahl einer Sucherkamera, dass die nominelle Auflösung des CCDs nur die eine Seite der Medaille ist. Die Qualität des Objektivs und die Belichtungsgenauigkeit spielen eine ebenso große Rolle. Eine Kamera, für den „Knipser" gedacht – preislich wie von den fotografischen Möglichkeiten her – muss Kompromisse machen; das diktiert schon der Preis und die Zielgruppe verlangt auch gar nicht mehr.

Für professionelle Publikationen respektive hochwertige Abzüge in größeren Formaten von 18 x 24 cm und mehr ist die Bildqualität einer preiswerten Sucherkamera deshalb als kritisch zu beurteilen. Geht es aber hauptsächlich darum, Illustrationen für die Bildschirmdarstellung (für Webseiten im Internet und dergleichen) oder für hausgemachte Publikationen (Werbezettel, ...) zu erstellen, so reicht auch deren Qualität völlig aus.

1.2.2 Spiegelreflexsucher

Bei einer Spiegelreflexkamera wird das vom Objektiv entworfene Bild über eine Spiegelkonstruktion auf einer Mattscheibe sichtbar gemacht. Es erscheint aufrecht, aber seitenverkehrt. Für die Aufnahme klappt der Spiegel dann hoch und gibt den Weg zur Bildempfangsebene frei. Dieses einfache Spiegelreflexprinzip ist aus Platzgründen bei Mittelformatkameras weit verbreitet.

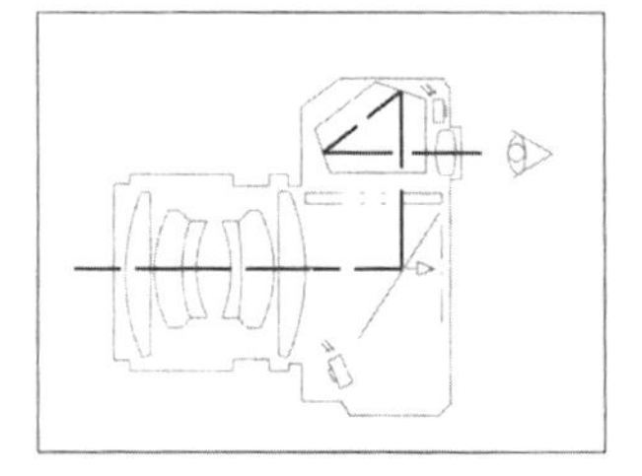

Lichtgang in einer Spiegelreflexkamera mit Pentaprisma.

Damit das Bild seitenrichtig erscheint, muss zusätzlich ein Pentaprisma eingebaut sein. Bei Kleinbildkameras kann das aufgrund des kleinere Aufnahmeformats platzsparender ausfallen und das Pentaprisma respektive die aufrechte, seitenrichtige Sucherbilddarstellung findet sich deshalb in allen Kleinbild-Spiegelreflexkameras.

Gegenüber dem optischen Sucher bietet der Spiegelreflexsucher den großen Vorteil, dass der Fotograf in jedem Fall genau das Bild sieht, das das angesetzte Objektiv entwirft und das später auch auf der Aufnahme sein wird.

Nur hochwertige und äußerst präzise gefertigte Kameras zeigen 100 % des Sucherbildes – die meisten begnügen sich mit 94–96 %, doch das genügt auch.

Mit einem Spiegelreflexsucher ist die vollständige Bildkontrolle gegeben. Wird das Objektiv scharf gestellt, dann sind im Sucher sofort die Auswirkungen zu sehen. Gleiches gilt natürlich in besonderem Masse bei einem Wechsel des Objektivs: Die Änderungen in Bildwirkung und Perspektive sind unmittelbar zu beurteilen. Und wenn die Kamera einen Abblendhebel hat, dann kann sogar die Schärfentiefe direkt beurteilt werden.

Spiegelreflexkamera mit Bajonettanschluss für Wechselobjektive.
Foto: Nikon

Mittlerweile bieten alle bedeutenden Kamerahersteller digitale (Kleinbild-) Kameras auf Basis der Spiegelreflextechnik an. Sie werden zunehmend handlicher, leistungsfähiger – und preiswerter. Ihr großer Vorteil: Sie ermöglichen die Verwendung von Wechselobjektiven.

Mittelformatkamera für digitale und analoge Rückteile.
Foto: Hasselblad

Bei Spiegelreflexkonstruktionen auf Basis von Kleinbild- und Mittelformatgehäusen ist der Bildsensor nicht selten – zum Teil deutlich – kleiner als das entsprechende analoge Filmformat. Bei Kameras mit Wechselobjektiven ergeben sich dann völlig andere Brennweitenwirkungen und vor allem der Weitwinkelbereich engt sich ein (siehe Kapitel *Das (digitale) Objektiv*).

Bei so genannten „Vollformatsensoren“ dagegen entspricht die Sensorgröße dem analogen Aufnahmeformat und alle Objektive lassen sich mit den bekannten Bildwirkungen benutzen.

Digitale Kameras auf Basis der Spiegelreflexkonstruktion mit Wechselobjektiven werden hauptsächlich für den professionellen Bedarf zu entsprechenden Preisen angeboten. Es zeichnet sich aber auch hier eine deutliche Preissenkung ab, die diese Kameras auch für den engagierten Amateur interessant und erschwinglich macht.

Neben den Spiegelreflexkameras mit Wechselobjektiven existiert auch noch die Gattung der kompakten Spiegelreflexkamera. In der analogen Fotografie werden sie „Brückenkamera“ (bridge camera) genannt. Damit sind jene kompakten Kameramodelle gemeint, die in der technischen Ausführung zwischen Kompakt- und Spiegelreflexkamera angesiedelt sind. Von der Kompaktkamera haben sie die unkomplizierte Bedienung und das fest eingebaute (Zoom-) Objektiv, von der Spiegelreflex das Sucherprinzip, das die genaue Kontrolle des Bildausschnittes, der Filterwirkung, der Schärfentiefe usw. erlaubt.

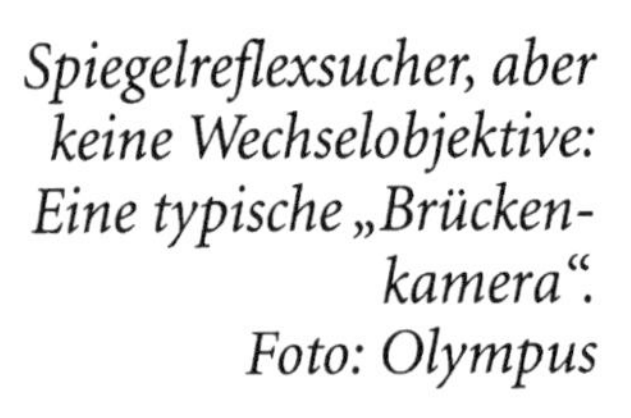
Spiegelreflexsucher, aber keine Wechselobjektive: Eine typische „Brückenkamera“. Foto: Olympus

Solche Modelle gibt es auch in digitaler Ausführung. Man kann sie als semiprofessionell charakterisieren, denn sie bieten viele Möglichkeiten der „echten“ Spiegelreflex, die Qualität der Objektive ist in der Regel sehr gut und die Belichtungsmessung genau. Wer auf Wechselobjektive verzichten kann, findet in ihnen eine kompakte Alternative für hervorragende digitale Fotos.

1.2.3 Mattscheibe

Bei Studio- respektive Großformatkameras schließlich trifft man auf eine nur scheinbar antiquierte Art der Sucherbilddarstellung: die Mattscheibe, die das Bild Kopf stehend und seitenverkehrt zeigt.

Kamera nach dem Prinzip der optischen Bank mit Mattscheibe. Foto: Linhof

Im professionellen Bereich ist dieser Kameratypus auch heute noch unverzichtbar. Mit Hilfe der Verstellmöglichkeiten von Film- und Objektivträger, Standarten genannt, zwischen denen der Balgen befestigt ist, ist es dem Fotografen möglich, das Bild in weiten Bereichen seiner Vorstellung anzupassen. So ist es kein Problem, Schärfenraum und -tiefe nahezu beliebig festzulegen. Die perspektivische Korrektur, um Verzeichnungen (z. B. stürzende Linien bei Gebäuden) zu beseitigen oder überzubetonen, ist eine weitere Möglichkeit der Großbildkamera.

Bei den hochwertigen Studiosystemen wird ein digitales Kamerarückteil an die Mittel- oder Großformatkamera angesetzt. Diese Kameras sind relativ unbeweglich und bedingen die permanente Anbindung an den PC. Daher sind sie nur für den Einsatz im Studio geeignet, bieten aber beste Bildqualität.

Baukastensystem mit digitalem Rückteil. Foto: Sinar

Die Mattscheibenbetrachtung ist dabei kaum mehr notwendig. Das digitale Rückteil wird statt der Mattscheibe in der Filmebene montiert und zeigt das Foto direkt auf dem Computermonitor an. Aus dem optischen wird ein elektronischer Sucher.

Studiosysteme sind ortsgebunden. Foto: Sinar

1.3 Elektronische Sucher

1.3.1 LCD-Monitor

Unabhängig vom Kameratyp – Sucherkamera oder Spiegelreflex – haben alle besseren Kameras meist auf der Gehäuserückseite ein LC-Display (einen „Monitor“) zur Bildanzeige. „LCD“ ist die Abkürzung für „Liquid Crystal Display“ und bedeutet so viel wie „Flüssigkristallanzeige“.

Sie sind schlicht Klasse, ist es mit ihnen doch möglich, auch das gerade aufgenommene Bild sofort zu betrachten (und das ohne Sucherparallaxe). Diese Sofortkontrolle der Aufnahmen ist unter anderem eine ganz hervorragende Seh-Schule.

So können Sie auch schnell einmal durch die gespeicherten Bilder blättern. Das ist nicht nur ein nettes Gimmick, sondern kann unterwegs praktisch sein, wenn man feststellen muss, dass der Speicherplatz zur Neige geht und keine weiteren Fotos mehr aufgenommen werden können. In so einem Notfall ist es dann immer noch möglich, einige der bereits aufgenommenen Fotos wieder zu löschen.

LCD-Monitor zur Aufnahmekontrolle. Foto: Minolta

Natürlich hat so ein kleines Display nicht die Qualität und Farbgüte eines großen professionellen Monitors. Und das Umgebungslicht beeinflusst die Bilddarstellung. Bei hellem Licht kann die Darstellung sehr undeutlich werden.

Das Optimum stellen deshalb jene Kameras dar, die sowohl über einen guten optischen Durchsichtsucher als auch über ein LC-Display verfügen. Je nach Situation kann dann der jeweils besser geeignete Sucher benutzt werden.

1.3.2 LCD-Sucher

Etliche Kameras haben gar keinen optischen Sucher (Durchsicht oder Spiegelreflex) mehr, sondern benutzen auch hierfür ein LC-Display. Die Auflösung ist allerdings teilweise niedrig, auch mit dem ausreichend schnellen Bildaufbau und dem Bildkontrast ist es nicht immer zum Besten bestellt. Zudem können die exakte Scharfstellung (bei manuellem Scharfstellen) und die Schärfentiefe schwierig zu beurteilen sein.

Praktisch: Verstellbarer Sucher
Foto: Minolta

Im besten Falle jedoch können diese Sucher die Vorteile einer Spiegelreflexkamera und einer Sucherkamera vereinen: Sie bieten wie die Spiegelreflexkamera die genaue Übereinstimmung von Sucher- und Aufnahmebild (inklusive der Beurteilung von Schärfe und Schärfentiefe) und zeigen idealerweise 100% des Bildes.

Dabei haben sie einen ähnlich kompakten Aufbau wie eine Sucherkamera; die Kameras bleiben klein und handlich. Elektronisch verstärkte Sucher lassen zudem auch bei Dunkelheit respektive dunklen Motiven noch recht viel erkennen und können diesbezüglich optischen Suchern deutlich überlegen sein.

Auch bei manueller Belichtung kann so ein Sucher hilfreich sein, denn Änderungen der Belichtungseinstellung werden sofort durch die Bildhelligkeit des Suchers reflektiert – mit ein wenig Ausprobieren und Erfahrung kann so auch im manuellen Modus die Belichtung ziemlich exakt gewählt werden.

1.4 Sonderformen

1.4.1 Digitaler Camcorder

Digitale Camcorder folgen letztlich dem gleichen Prinzip wie eine Digitalkamera, sind aber fürs Laufbild optimiert.

Für Filmer, die auch digitale Fotos aufnehmen möchten, können digitale Camcorder mit Einzelbildmodus eine Überlegung wert sein. Für den Preis der digitalen Videokamera bekommt man auch noch eine digitale Fotokamera.

Hierzu ist anzumerken, dass auch ein relativ hochwertiges bewegtes Bild weit geringere Ansprüche an die Auflösung stellt als ein stehendes. Das liegt ganz einfach an der Trägheit des menschlichen Auges, das ab einer gewissen Bildfolge nicht mehr in der Lage ist, feinere Einzelheiten aufzulösen. So besteht ja jeder Film im Grunde auch nur aus Einzelbildern; die allerdings werden mit 25 Bildern pro Sekunde so schnell abgespielt, dass die Einzelbilder im Auge des Betrachters verschwimmen und sich zu einem Bewegungseindruck addieren.

Einige Camcorder können auch Fotos machen. Foto: Canon

Wegen der Fokussierung auf das Laufbild sind die Anforderungen an den Chip nicht so hoch wie bei einer digitalen Kamera. Typischerweise schaffen digitale Camcorder eine maximale Auflösung von um die 720 x 576 Pixel (PAL-Auflösung), was für Bilder im Format 9 x 12 cm ausreicht. Es werden sogar Modelle angeboten, die die Auflösung im Einzelbildmodus heraufsetzen können und dann an die Qualität einer 2-Megapixel-Kamera heranreichen (Bildausgabe bis etwa 13 x 18 cm möglich).

Achten Sie bei der Anschaffung eines entsprechenden Camcorders darauf, dass er auch ausdrücklich den Einzelbildmodus unterstützt. Einmal ist die Auflösung im Fotomodus meistens höher als im Videomodus, zum anderen sorgt der Hersteller dann bei der Programmierung der Belichtungsautomatiken dafür, dass möglichst scharfe Fotos aufgenommen werden. Im Filmmodus tritt dies oft zugunsten des bewegten Bildes zurück. Absolut scharfe Aufnahmen sind dort angesichts der bewegten Motive nicht notwendig, da das Auge den Einzelbildern sowieso nicht so schnell folgen kann.

Das Ganze können Sie leicht selbst einmal überprüfen, wenn Sie während einer Filmszene in den Pausenmodus schalten. Die Einzelbilder einer Bewegungsabfolge sind da oft unscharf.

1.4.2 Foto-Handy

Handys mit eingebauter Kamera sind stark im Kommen. So wurden im ersten Halbjahr 2003 nach einer Studie der Marktforscher von Strategy Analytics weltweit rund 25 Millionen Foto-Handys verkauft. Demgegenüber konnten im gleichen Zeitraum „nur“ 20 Millionen Digitalkameras abgesetzt werden.

Vorne Telefon und hinten Kamera. Foto: Nokia

Die eingebaute Digitalkamera taugt mit einer Auflösung von typischerweise 640 x 480 Pixeln, fehlender Belichtungs-, Schärfen- und Brennweitenkontrolle zwar nicht für ernsthafte Fotografie, sehr wohl aber als schneller Schnappschusslieferant für Fotos, die auch gleich verschickt werden können.

Mit 640 x 480 Pixeln entstehen nette Schnappschüsse.

1.4.3 Sonstige

Aufgrund der fortschreitenden Miniaturisierung existieren kaum Grenzen für den Einbau digitaler Kameratechnik in diverse Geräte. Vom Kugelschreiber über die Webcam bis zum Diktaphon lassen sich die Hersteller immer neue Varianten einfallen. Auch diese Varianten sind vor allem als Schnappschusskameras zu verstehen.

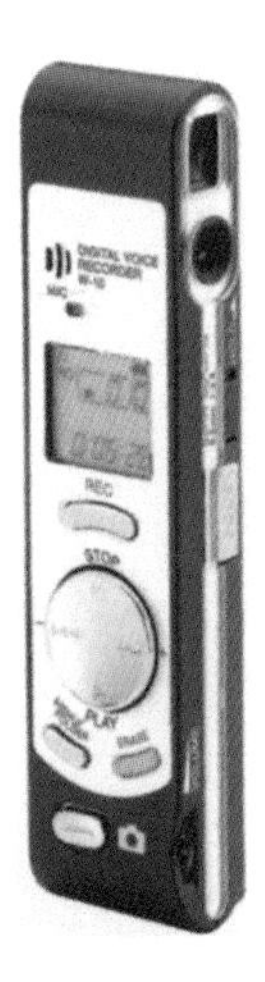

Diktaphon mit Kamera. Foto: Olympus

Kapitel 2

Bildsensoren

2.1 Bildwandler

Während herkömmliche Kameras nach der Größe des Filmformats (Kleinbild, Mittelformat, Großbild) klassifiziert werden, spielt bei den digitalen Kameras nicht die Größe, sondern die Auflösung des Bildsensors (Bildwandlers) die entscheidende Rolle. Digitale Kameras werden in 1-, 2-, 3- ... Megapixel-Modelle eingeteilt.

Der Bildwandler ist ein lichtempfindlicher Halbleiter, der das einfallende Licht entsprechend der jeweiligen Lichtintensität in eine mehr oder weniger hohe elektrische Spannung umwandelt. Tausende oder Millionen werden zu einem so genannten „Array" (Gitter) angeordnet und ermöglichen das Erfassen der Helligkeitsstufen eines Motivs. Mittels vorgeschalteter Farbfilter (siehe Abschnitt 2.3 Farbfotografie) wird dann auch die Darstellung von Farben möglich.

2.1.1 CCD

CCDs (Charged Coupled Device) bestehen aus einer Anordnung lichtempfindlicher Dioden, die das auftreffende Licht in Spannung umwandeln. Je heller das Licht, um so größer die resultierende Spannung. Ein Analog-Digital-Wandler setzt die Spannung in digitale Daten und damit letztlich in das Foto um.

Der Auslesevorgang ist dabei recht umständlich, da die Bildpunkte aufgrund der in Reihe geschalteten Schieberegister (ein Hauptmerkmal des CCD) nicht einzeln angesprochen werden können. Jede Reihe muss einzeln nacheinander gelesen werden („Eimerkettenprinzip"). Flächen-CCDs werden nach der Art unterschieden, wie die Ladungen ausgelesen werden. Die häufigsten Bauarten sind:

Interline CCD: Hier ist jedem lichtempfindlichen Halbleiter ein vertikales lichtgeschütztes Register zugeordnet, in das die Ladung auf einen Impuls hin sofort verschoben werden kann. Aus diesen vertikalen Registern können die Ladungen dann „in aller Ruhe" zeilenweise in das horizontale Register übertragen und Zeile für Zeile ausgelesen werden.

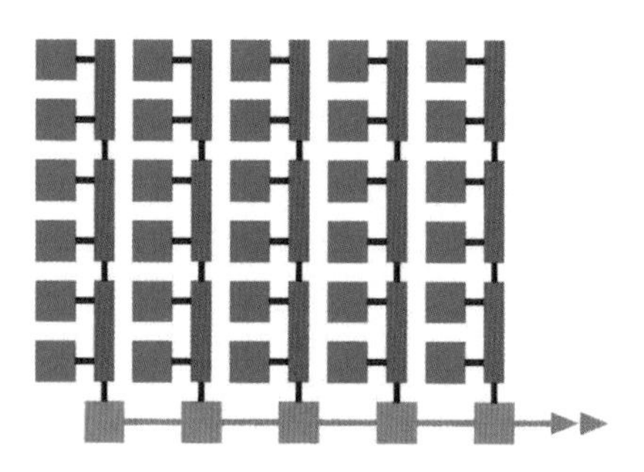

Interlaced Scan

Man unterscheidet dabei zwischen „interlaced“ und „progressive“ Scan; je nachdem, wie die Halbleiter und Register verschaltet sind respektive wie der Auslesevorgang vonstatten geht.

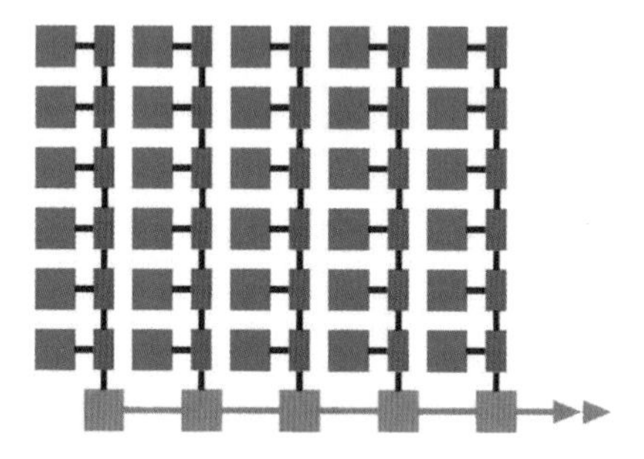

Progressive Scan

Full Frame CCD: Dieser CCD-Typ verzichtet auf die vertikalen Register. Hier werden die lichtempfindlichen Halbleiter sofort nach der Belichtung durch einen mechanischen Verschluss abgedunkelt; die Ladungen werden dann direkt Zeile für Zeile ins horizontale Register übertragen und ausgelesen.

Der Vorteil dieser Technologie: die effektive Pixelgröße kann aufgrund der fehlenden vertikalen Register größer sein; höhere Empfindlichkeit und geringeres Bildrauschen sind die Folge.

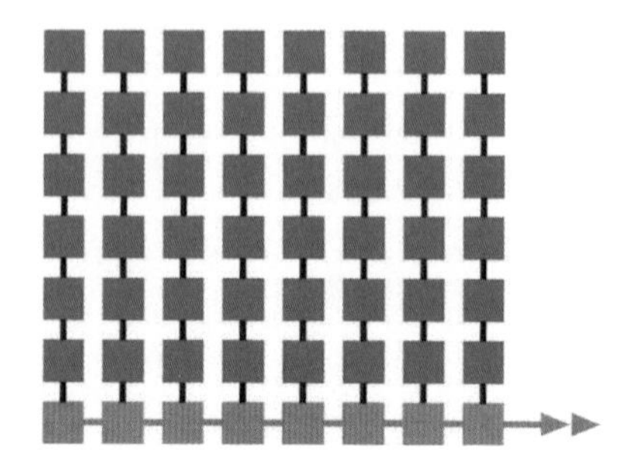

Full Frame CCD

Frametransfer CCD: Hierbei werden die Ladungen eines Full Frame CCD sehr schnell nach der Belichtung in einen lichtgeschützten Zwischenspeicher darunter geschickt, von wo sie wieder in Ruhe ausgelesen werden können.

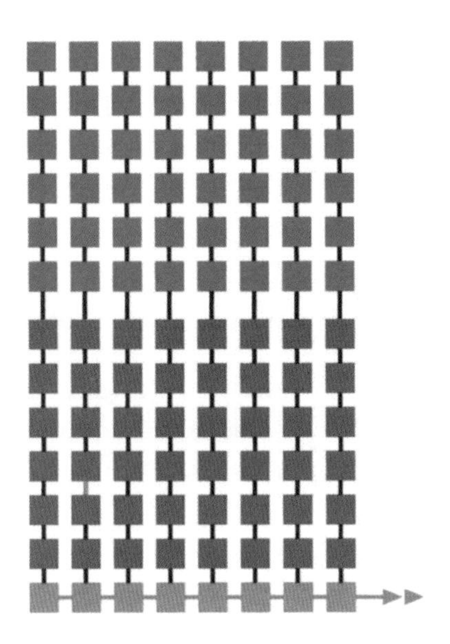

Frametransfer CCD

CCDs werden – ähnlich wie andere Halbleiterbauteile auch, zum Beispiel Computerchips – in spezieller, hochtechnisierter Herstellungsweise gefertigt. Dadurch ist es möglich, viele CCD-Elemente auf einem Siliziumträger (Wafer) zu kombinieren.

2.1.2 SuperCCD

Der SuperCCD-Chip ist eine von Fujifilm entwickelte Sonderform des CCD. Im Unterschied zur herkömmlichen Technik sind die lichtempfindlichen Elemente hier nicht rechteckig sondern achtekkig geformt und zudem leicht zueinander versetzt wabenförmig angeordnet.

Durch die größere Form sind die Elemente lichtempfindlicher und damit rauschärmer. Und im Speziellen horizontale und vertikale Strukturen eines Motivs sollen von einer verbesserten Farbinterpolation profitieren, da die leicht versetzten Elemente (was ja auch das Filtermosaik – siehe *2.3.3 Filtermosaik* – betrifft) die tatsächlichen Farben genauer interpolieren können.

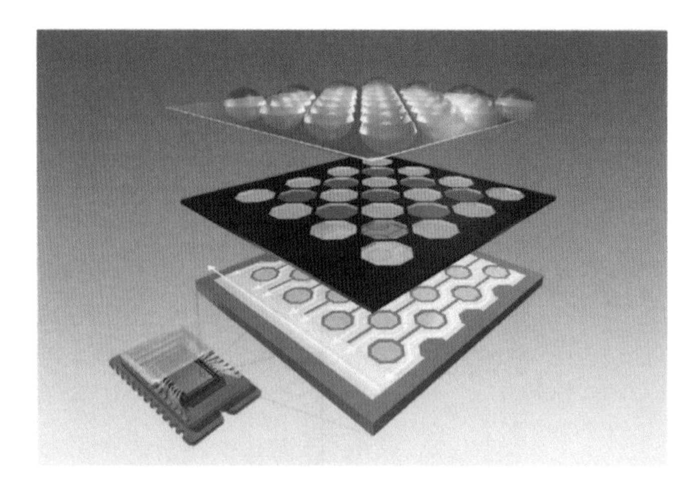

Super-CCD, wie er in Fuji-Kameras benutzt wird.
Grafik: Fujifilm

Fujifilm reklamiert für seine Technologie, dass die Bilder besser sind als die anderer Kameras mit vergleichbarer nomineller Auflösung. Das ist durchaus richtig. Etwas irreführend ist allerdings, dass hier gern die interpolierte Datenmenge angegeben wird: eine 3-Megapixel-Kamera beispielsweise wird mit fünf Megapixeln Datensatzgröße beworben und impliziert damit, der 3-Megapixel-SuperCCD sei so gut wie ein herkömmlicher 5-Megapixel-CCD.

Das wiederum stimmt so nicht. Ein SuperCCD ist durchaus besser als andere Bildwandler mit nominell gleicher Auflösung, aber die interpolierten (hochgerechneten) Bilddaten eines SuperCCD sind nicht so gut wie echte Pixel auf dem Chip.

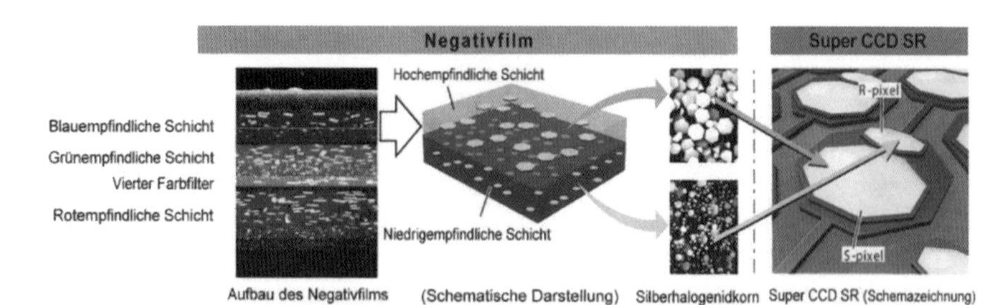

Grafik: Fujifilm

Die neueste Entwicklung ist die Super-CCD-SR-Technologie, die durch zwei Elemente mit unterschiedlicher Empfindlichkeit den erweiterten Belichtungsspielraum eines Negativfilms erreichen soll.

2.1.3 CMOS

Der CMOS (complementary metal oxide semiconductor) bietet einige Vorteile wie zum Beispiel deutlich geringeren Energieverbrauch von nur 1/3 bis 1/10 eines vergleichbaren CCD-Modells und schnellere Auslesegeschwindigkeit, da jedes Element einzeln adressiert werden kann.

Er ist zudem komplexer gefertigt und enthält schon auf dem Chip viele Funktionen, die bei einer CCD-Kamera mit separaten Schaltkreisen realisiert werden müssen. Dazu zählen die Analog-Digital-Wandlung, Belichtungskontrolle (Verschlussautomatik), Weißabgleich und Kontrastkorrektur.

CMOS-Sensoren. Von links nach rechts: 11, 4 und 6 Megapixel. Foto: Canon

Das zu Grunde liegende Prinzip aber ist dasselbe: Es basiert gleichfalls auf der photovoltaischen Reaktion. Wenn Silikon dem Licht ausgesetzt wird, setzen die Lichtphotonen Elektronen frei und deren Anzahl ist proportional zur Lichtintensität.

Nachteilig beim CMOS sind die geringere Lichtempfindlichkeit (und die somit höhere Rauschgefahr) sowie ein geringerer Dynamikumfang.. Anfängliche Probleme mit der Farbintensität, die schlechter als bei einem CCD war, sind heute kein Thema mehr.

2.1.4 Sensorgröße

Die Größe eines Sensors hat nur indirekt etwas mit der Auflösung zu tun. Kleinere Chips können durchaus eine gleich hohe oder höhere Auflösung besitzen wie ein größerer Chip. Allerdings: Je kleiner der Chip und je höher die Auflösung, um so feiner sind notwendigerweise auch dessen Strukturen und um so höher auflösend (besser) muss das Objektiv sein, sonst wird die nominelle Auflösung nicht genutzt.

So lassen sich mit den besten Filmen in der analogen Fotografie (wie etwa Fujichrome Velvia, Agfa Portrait oder Kodak Porta 160) in der Praxis laut Untersuchungen der Firma Carl Zeiss Auflösungen von rund 150 Linienpaaren pro Millimeter (Lp/mm) und mehr erzielen, wenn sehr gute Objektive benutzt werden. Das heißt, das Objektiv muss 300 abwechselnd schwarze und weiße Striche klar getrennt auf der Filmebene abbilden können, wenn die Leistungsfähigkeit des Films ausgeschöpft werden soll.

Aufgrund der feinen Strukturen eines Bildsensors werden an das digitale Objektiv mindestens dieselben Anforderungen gestellt, damit die einzelnen Pixel des Chips unterschiedliche Bildinformationen aufzeichnen können.

Das ist insofern bemerkenswert, als solche Leistungsdaten selten zu finden respektive solch leistungsfähige Filme als „Objektivkiller“ berüchtigt sind: Nur die allerbesten Optiken sind zu dieser Leistung in der Lage. Eine „ganz normale“ digitale Fotokamera aus dem mittleren Auflösungs- und Qualitätsbereich muss auf Grund der feinen Strukturen des Bildwandlers in qualitativer Hinsicht also wenigstens dieselben Anforderungen erfüllen wie höchstwertige herkömmliche Aufnahmesysteme.

Weil der Bildwandler um so teurer ist, je größer er ist, werden die kleinsten Chips (mit den feinsten Strukturen) in preiswerten Digitalkameras eingebaut. Die sollten demnach auch die besten Objektive haben. Das ist natürlich nicht der Fall und deshalb ist es die Regel, dass die preiswerten Modelle die nominelle Auflösung des Chips gar nicht ganz ausnutzen können, weil das Objektiv einfach nicht gut genug ist

Von der Einzelsensorgröße hängt übrigens auch das Rauschverhalten ab: siehe *2.5.1 Bildrauschen.*

Die nominelle Sensorgröße – üblicherweise in Zoll angegeben – ist übrigens nicht ganz logisch und hat wenig mit den effektiven Abmessungen des Chips zu tun. Die Nominalgröße von Bildsensoren wird traditionell nach dem Außendurchmesser von Vakuum-Bildaufzeichnungsröhren berechnet und reicht zurück in die 1950er und in die Zeiten der Vidicon-Röhren für TV-Kameras. Damals wurde nicht die Diagonale des Sensors, sondern der Außendurchmesser der Glasröhre für die Größenbestimmung verwendet. Typische Werte waren damals 1/2 Zoll, 2/3 Zoll usw.

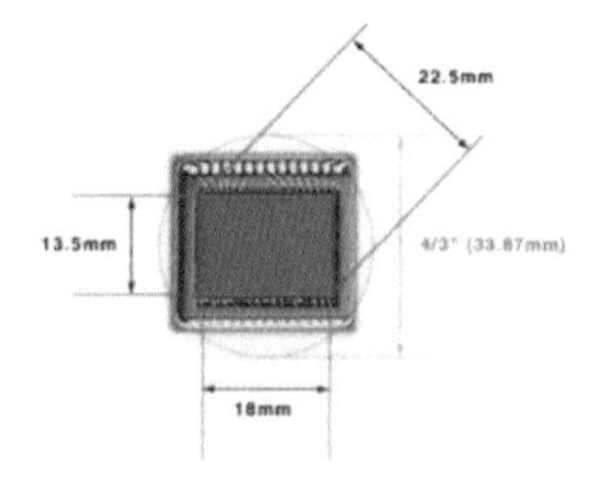

Grafik: Olympus

Diese Berechnungsmethode hat sich unverständlicher Weise bis heute gehalten: Die Nenngröße eines digitalen Bildsensors wird nach wie vor um ca. 1/3 größer angegeben als die tatsächliche Diagonale misst. Ein 2/3-Zoll-Chip etwa weist statt der zu erwartenden rund 16 mm (24,5 mm x 2/3) eine Diagonale von lediglich 11 mm auf. Hier einige typische Sensorgrößen und deren Werte:

Nominalgröße	Abmessungen	Diagonale	Seitenverhältnis
1/3,6 Zoll (= 6,8 mm)	3,0 mm x 4,0 mm	5,0 mm	4:3
1/3 Zoll (= 8,2 mm)	3,6 mm x 4,8 mm	6,0 mm	4:3
1/2,7 Zoll (= 9,0 mm)	4,0 mm x 5,3 mm	6,6 mm	4:3
1/2 Zoll (= 12,2 mm)	4,8 mm x 6,4 mm	8,0 mm	4:3
1/1,8 Zoll (= 13,6 mm)	5,3 mm x 7,2 mm	8,9 mm	4:3
2/3 Zoll (= 16,3 mm)	6,6 mm x 8,8 mm	11,0 mm	4:3
1 Zoll (= 25,4 mm)	9,6 mm x 12,8 mm	16,0 mm	4:3
4/3 Zoll (= 32,7 mm)	13,5 mm x 18,0 mm	22,5 mm	4:3
APS-C	16,7 mm x 25,1 mm	30,1 mm	3:2
KB (Vollformatsensor)	24,0 mm x 36,0 mm	43,3 mm	3:2

Es sei noch einmal betont, dass Sensorgröße und Auflösung nur mittelbar etwas miteinander zu tun haben. Beispielsweise kann ein 1/1,8-Zoll-Chip drei, vier oder auch fünf Millionen Bildpunkte haben.

Bei Kameras mit fest eingebautem Objektiv ist das Objektiv, genauer die Objektivbrennweite, für das Aufnahmeformat (= Größe des Bildwandlers) optimiert.

Bei digitalen Kleinbildkameras mit Wechselobjektiven aber ist der Bildsensor teilweise – zum Teil deutlich – kleiner als das entsprechende analoge Filmformat. Deshalb zeigen sich völlig andere Brennweitenwirkungen und vor allem der Weitwinkelbereich engt sich ein (siehe folgendes Kapitel *Das (digitale) Objektiv*).

2.1.5 Four Thirds System

Der 4/3-Zoll-Chip (siehe auch voriger Abschnitt) verdient insofern besondere Erwähnung, als die Firmen Kodak und Olympus mit dem Four Thirds System ein neues Aufnahmeformat entwickelt haben, das im Sommer 2003 der Öffentlichkeit präsentiert wurde.

Was die Kamerahersteller bis dato schon bei allen Modellen mit fest eingebautem Objektiv machten, nämlich das Objektiv hinsichtlich Brennweite und Abbildungsleistung auf den Bildsensor zu optimieren, soll mit dem Four Thirds System ausgeweitet und herstellerübergreifend auch mit Wechselobjektiven standardisiert werden.

Standardisierte Chipgröße und ein vergleichsweise großes Bajonett sollen den Objektivkonstruktionen alle Möglichkeiten offen halten. Foto: Olympus

Beim Four Thirds Standard ist der Bildsensor auf eine Größe von 13,5 mm x 18,0 mm normiert – der 4/3-Zoll-Chip ist also Namenspate für das gesamte System.

Weiterhin wurden auch andere wichtige Parameter wie das Objektivbajonett (und damit der Öffnungsdurchmesser des Kameragehäuses) und das Auflagemaß festgelegt.

In der Summe wurden wichtige optische und mechanische Vorgaben und ein Kommunikationsstandard definiert. Mit letzterem kann zum Beispiel ein Objektiv die Daten über seine Verzeichnung an die Kamera übermitteln und deren Software kann das Bild dann gleich verzeichnungsfrei rechnen.

Ein neues Kamerasystem; eigens für die Digitalfotografie entwickelt. Foto: Olympus

Noch ist nicht abzusehen, ob sich das System durchsetzen wird, es kann aber einige gewichtige Vorteile für sich verbuchen:

- Das Spiegelreflexsystem ist speziell auf die Anforderungen der digitalen Bildaufzeichnung zugeschnitten.
- Objektive können so gerechnet werden, dass sie die volle Sensorleistung ausnutzen (was bei Objektiven, die eigentlich für die analoge Fotografie konstruiert wurden, nicht der Fall ist).
- Im Vergleich zum Kleinbildformat sind kleinere und leichtere Objektive und Kameragehäuse realisierbar.
- Voll taugliche Wechselobjektive auch für den Weitwinkelbereich.
- Jedes Objektiv übermittelt ein digitales Profil an die Kamera, so dass Restfehler herausgerechnet werden können.
- Austauschbarkeit von Komponenten unterschiedlicher Hersteller.
- Und schließlich soll das System auch für zukünftige Sensorentwicklungen ausgelegt sein.

In der Summe wird damit ein System angeboten, das sehr gut auf die digitale Bildaufzeichnung abgestimmt wurde, das zudem Wechselobjektive und eine Standardisierung bietet, die es auch anderen Herstellern ermöglicht, Komponenten anzubieten.

2.1.6 Zeilensensor

Zeilensensoren werden ausschließlich in der professionellen Fotografie eingesetzt, wenn es auf möglichst hohe Auflösung, nicht aber auf die (kurze) Belichtungszeit ankommt: Das bei Mittel- oder Großbildkameras wechselbare Filmmagazin wird durch einen so genannten Zeilensensor ersetzt, der ähnlich wie ein Flachbettscanner funktioniert und das von der Optik entworfene Bild zeilenweise abtastet.

Für dieses schrittweise Abtasten der einzelnen Zeilen ist eine aufwendige Präzisionsmechanik notwendig. Der Vorteil dieser Konstruktion ist, dass die Bildgröße respektive -auflösung nicht durch die Größe des Bildwandlers vorgegeben ist. Rechts der Zeilensensor einer Kamera von Anagramm.

Dieses zeilenweise Abtasten bedingt zudem sehr lange Belichtungszeiten, die mehrere Minuten betragen können. Der Kamerascanner eignet sich damit nur für statische Motive und wird nahezu ausschließlich im professionellen Fotostudio benutzt. Ein Beispiel ist diese Reproeinrichtung von Anagramm:

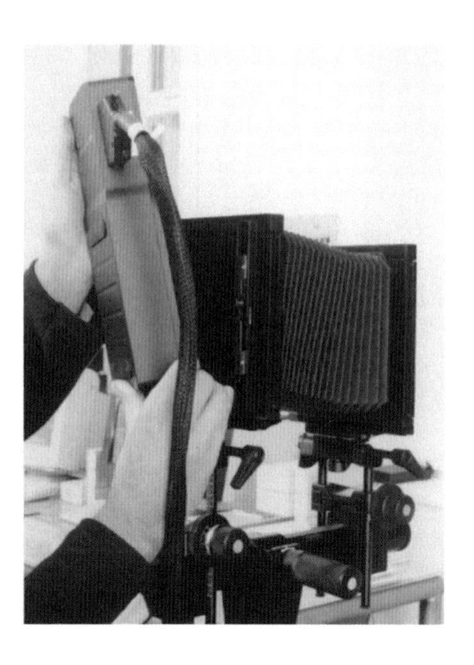

Ein Zeilenscanner wird an eine Großformatkamera angesetzt. Foto: Anagramm

Ein weiteres Problem ergibt sich bei der Beleuchtung. Da eine absolut gleich bleibende Beleuchtung während des gesamten Abtastvorgangs gewährleistet sein muss, kommen die bislang im Fotostudio bekannten Beleuchtungssysteme nicht in Frage. Blitzlicht scheidet ebenso aus wie herkömmliche Fotolampen.

Letztere „flackern" – für das Auge unsichtbar – im Rhythmus des Wechselstroms; das Licht schwillt gewissermaßen an und ab und hat daneben so genannte „Nulldurchgänge", bei denen es ganz erloschen ist. Dieser Vorgang bleibt dem Auge verborgen, wird aber vom Kamerascanner erfasst, der demzufolge je nach augenblicklicher Phasenlage hellere, dunklere oder gar keine Zeileninformationen einscannt. Hier müssen deshalb extrem hochfrequente Lichtsysteme eingesetzt werden. Wird hohe Helligkeit verlangt, kommt nur so genanntes „HMI-Licht" in Frage.

Mittlerweile wurde spezielle Software entwickelt, beispielsweise das Programm Power Stability Tool von Phase One, die diese Lichtschwankungen aus der Aufnahme herausrechnen kann. Auch herkömmliche Lichtquellen können damit – bei ganz hervorragenden Ergebnissen – mit Zeilenscannern benutzt werden.

2.2 Auflösung

Qualität und Preis der digitalen Kamera hängen, neben der technischen Ausstattung wie Zoomobjektiv, LC-Display usw., von der möglichen Auflösung ab: Ein Bildwandler besteht aus vielen lichtempfindlichen Einzelelementen. Je mehr einzelne Elemente so ein Chip hat, desto mehr Bilddetails können aufgezeichnet werden – die Auflösung steigt. Man kann sich das wie ein antikes Mosaik vorstellen: Je kleiner die Mosaiksteinchen sind, desto feiner und homogener das Bild. Die Tonnuancen des Mosaiks können viel genauer angelegt werden und die Detailwiedergabe steigt.

Genauso, wie der Monitor eine bestimmte Auflösung hat – beispielsweise 1.024 x 768 Pixel darstellen kann, hat auch der Chip in der Kamera eine bestimmte Anzahl lichtempfindlicher Elemente für die Bildaufzeichnung. Mehr Pixel ergeben in beiden Fällen eine höhere Auflösung.

Hier unterscheidet sich die digitale grundsätzlich von der analogen Fotografie. Während man bei der preiswerten konventionellen Kamera einen anderen (feiner auflösenden) Film einlegen und damit Empfindlichkeit, vor allem aber auch Schärfe und Auflösung, ändern kann (sofern das Objektiv gut genug ist und die Feinheiten auch aufzeichnen kann), ist das bei einer digitalen Kamera in der Form nicht möglich.

Mit dem Kauf einer digitalen Kamera wird über die maximale Auflösung und damit indirekt auch über die Qualität der Aufnahmen entschieden. Die Kamera hat eine fixe maximale Pixelmatrix, die der Chip vorgibt; zum Beispiel 2.000 x 1.500 Pixel. Und es stehen immer nur genau diese 2.000 x 1.500 Pixel zur Verfügung. Dazu ein Beispiel:

Bei einer Nahaufnahme – einem Porträt zum Beispiel – stehen für das Gesicht diese 2.000 x 1.500 Bildpunkte zur Verfügung. Das Auge wird dann beispielsweise mit etwa 100 x 100 Pixeln in guter Schärfe dargestellt. Bei einer Gruppenaufnahme dagegen wird mit den 100 x 100 Pixeln ein ganzes Gesicht bei entsprechend geringerer Feinauflösung beschrieben. Pro Foto steht also nur eine bestimmte maximale Informationsmenge zur Verfügung. Es ist nicht möglich, ohne Detailverlust ins Uferlose zu vergrößern.

Natürlich gilt dieser Sachverhalt auch für die analoge Fotografie, wenn auch mit größeren Spielräumen.

Das Kriterium „Auflösung“ besagt allerdings nicht alles. Insbesondere sagt es noch nichts über die endgültige Bildqualität aus. Ein Aufnahmesystem ist eine Kette, die immer nur so stark ist wie ihr schwächstes Glied! Der beste Chip nützt wenig, wenn davor ein mäßiges Objektiv sitzt, dessen Auflösung nicht annähernd der des Chips entspricht.

Qualität hat auch ihren Preis. Bessere Kameras bieten – bei gleicher Auflösung – bessere und lichtstärkere Objektive und optimierte Elektronik. Das äußert sich dann im Ergebnis in satteren und reineren Farben und höherer Schärfe. Was beim Betrachter dann auch den Eindruck höherer Bildqualität hervorruft.

Und wenn die Kamera ein Zoomobjektiv statt der Festbrennweite hat, kann das interessierende Bilddetail in voller Auflösung aufgezeichnet werden – oft ein Vorteil selbst einer höher auflösenden Kamera gegenüber, die kein Zoom hat.

So kann es durchaus sein, dass eine gute (und teure) 3-Megapixel-Kamera im Endeffekt bessere Resultate zeigt als die 5-Megapixel-Kamera aus dem Einsteigerbereich.

2.2.1 Physikalische und nominelle Auflösung

Jeder Bildsensor hat eine physikalische (tatsächliche) Auflösung – das ist die exakte Pixelanzahl auf diesem Chip – zum Beispiel 1200x1600 Pixel. Die nominelle (angegebene) Auflösung kann aber darüber liegen. So ist es mit Hilfe der Interpolation möglich, eine geringere physikalische Auflösung in eine höhere nominelle hochzurechnen.

Agfa gab früher bei seinen ePhoto-Modellen 1280 und 1680 folgende nominelle Auflösung an: Die ePhoto 1280 etwa hatte eine physikalische Auflösung von 1.024 x 768 Bildpunkten, in der Modellbezeichnung wurde aber auf die – werbewirksamere – interpolierte Auflösung von 1.280 x 960 Bildpunkten angespielt.

Einem ähnlichen Weg folgte Fujifilm bei einigen FinePix-Modellen: Hervorgehoben wurde nicht die physikalische Auflösung (2,3 Megapixel), sondern die resultierende Bildgröße (4,3 Millionen Bildpunkte).

Zwei Hinweise dazu: Was nicht aufgezeichnet wurde, kann auch nicht errechnet werden. Und was errechnet wurde (ein Grauwert statt eines feinen Linienrasters beispielsweise), lässt sich nicht mehr zurückrechnen.

2.2.2 Ideale Auflösung

Es hängt vom angestrebten Ergebnis ab, wie hoch die Auflösung einer Kamera sein muss. Soll beispielsweise auf einer Homepage im Internet einen kleiner Reisebericht veröffentlicht werden oder ein Reisetagebuch im Format DIN A5, illustriert mit kleinen Bildchen, an die Freunde verschenkt werden, so ist eine Auflösung von 640 x 480 völlig ausreichend.

Preiswertere digitale Kameras bieten eine Bildauflösung ab 640 x 480 Bildpunkten – damit können bei einer Ausbelichtung auf Fotopapier noch bis zum Format 7 x 10 cm akzeptable Ergebnisse erzielt werden. Diese Auflösung genügt auch für einfache Computeranwendungen (Web, Multimedia, digitale Fotoalben), wobei sich angesichts der heute üblichen großen Monitore eine Auflösung um 1.000 x 1.000 Pixel für anspruchsvollere Aufgaben empfiehlt.

Hier zum Vergleich ein Ausschnitt aus einer Aufnahme, einmal mit einer Kamera mit einer Auflösung von 640 x 480 aufgenommen, das andere mal mit einem Megabit-Chip:

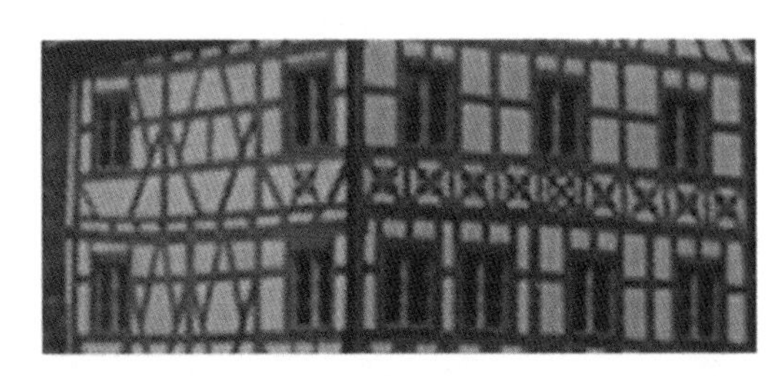

Je höher die Auflösung, um so detaillierter das Foto.

Die höhere Detailauflösung beziehungsweise größere Schärfe ist sofort augenfällig. Die Farbunterschiede erklären sich durch die unterschiedliche Farbwiedergabe der Kameras.

Mit einem „Megapixelsensor“ um 1.000 x 1.000 Pixel werden sich bis zu Formaten von 10 x 13 cm noch gute Ergebnisse zeigen. Mit einer guten 2,4-Megapixel-Kamera können dann schon Bildformate bis 13 x 18 cm in hervorragender Qualität ausgeben werden; 20 x 25 cm geht auch noch. Und mit einem 5- oder gar 6-Megapixel-Chip in einer guten Kamera ist man für fast alle Anforderungen gewappnet. In der Übersicht stellt sich das so dar:

	sehr gut	***gut***	***akzeptabel***
640 x 480	5 x 4 cm	8 x 6 cm	10 x 7 cm
1.280 x 960 *(1 Megapixel)*	10 x 8 cm	16 x 12 cm (A6)	21 x 16 cm (A5)
1.600 x 1.200 *(2 Megapixel)*	13 x 10 cm (A6)	20 x 15 cm (A5)	27 x 20 cm (A4)
2.048 x 1.536 *(3 Megapixel)*	17 x 13 cm	26 x 19 cm	35 x 26 cm
2.560 x 1.920 *(5 Megapixel)*	21 x 16 cm (A5)	32 x 24 cm (A4)	43 x 32 cm (A3)

Die Bewertung „sehr gut“ etc. bezieht sich dabei auf die Ausgabe via Drucker oder Printservice und ist in der Tabelle für 300 dpi berechnet. Bedenken Sie dabei, dass das Anhaltspunkte sind, die aber – wie im Vorangegangen ausführlich erläutert – auch von der Qualität der gesamten Aufnahmekette beeinflusst werden.

Bei Prints via Durst Lambda etwa (solche Geräte werden von guten Printservices eingesetzt) genügen bereits 200 dpi für hervorragende Ergebnisse. Und bei sehr guter Aufnahmequalität kann mindestens auf 150% skaliert werden – die Einstufung rutscht in diesen Fällen um jeweils eine Stufe nach oben. Eine hervorragende Kamera mit 5 Megapixeln (2.560 x 1.920 Pixel), gekonnte Bildbearbeitung und Schärfung und sehr gute Halbtonausgabe mit 200 dpi etwa summieren sich dann auf ein „sehr gut“ für das Format A3.

Für das virtuelle Print bzw. die Bildschirmbetrachtung sind die Anforderungen sowieso geringer, die Bewertung kann hierbei entsprechend besser ausfallen.

Wichtig ist nicht so sehr die Frage nach der Auflösung der Kamera, sondern die Frage „Was will ich mit den Fotos machen?“. Daran entscheidet sich, welche Auflösung die Kamera haben sollte – oder welche (niedrigere) Auflösung Sie beim Kamera-Setup wählen.

Engagierte Fotografen werden in jedem Fall höhere Ansprüche stellen und die Auflösung kann ihnen kaum hoch genug sein, denn sie wissen, dass es nicht möglich ist, jedes Motiv optimal formatfüllend zu fotografieren. Sowie aber Bildausschnitte verlangt sind, muss entweder das Endformat kleiner werden – oder aber die hohe Auflösung der Kamera bietet genau dafür genügend Reserven.

2.3 Farbfotografie

Der Bildwandler ist zunächst einmal farbenblind, aber wesentlich empfindlicher als das menschliche Auge. Das heißt, er kann Signale im Spektralbereich zwischen etwa 400 nm (Blau) bis 2.400 nm (Infrarot) aufzeichnen (nm = Nanometer). Zum Vergleich: Ein eigens für Infrarotaufnahmen sensibilisierter Film reicht etwa bis 1.200 nm; das menschliche Auge wiederum erkennt nur Signale im schmalen Bereich zwischen rund 400 nm (Blau) und 700 nm (Rot) als sichtbares Licht.

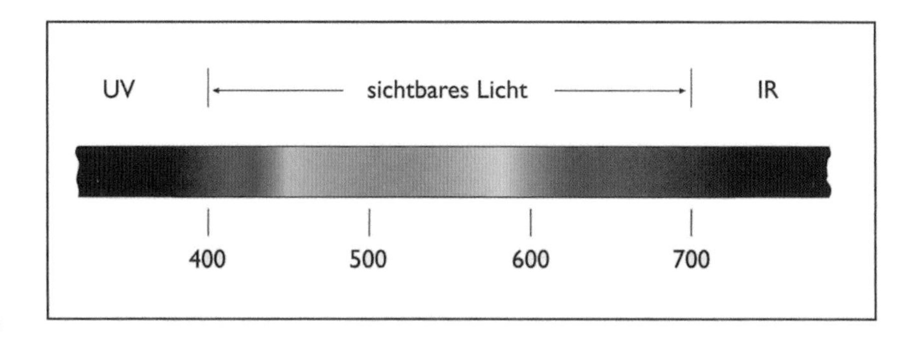

Spektrum des Lichts

Um den Sensor für die bildmäßige Fotografie nutzbar zu machen, muss er deshalb einerseits mit einem IR-Sperrfilter ausgestattet werden, damit nur die sichtbaren Spektralanteile erfasst werden, zum anderen muss etwas gegen seine Farbblindheit getan werden.

Man weiß bereits seit geraumer Zeit, dass es theoretisch möglich ist, alle Farben des sichtbaren Spektrums aus nur drei Grundfarben zu erzeugen. Das funktioniert auch praktisch zum Beispiel bei Farbfilmen oder im Druck sehr gut, wenn auch nicht ganz so ideal wie es die Theorie vorsieht, da es nicht gelingt, die drei Auszugsfarben entsprechend rein herzustellen.

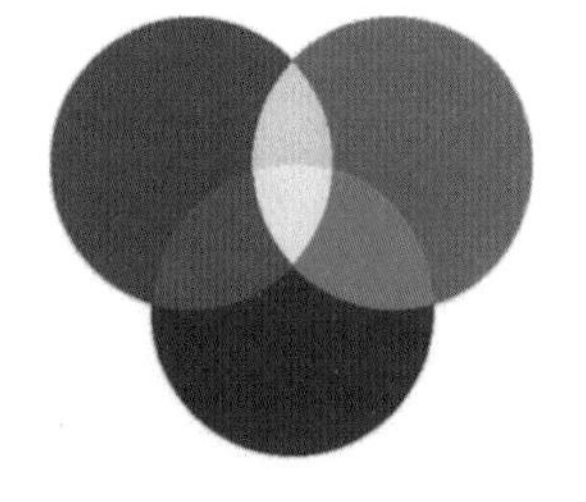

Bei digitalen Kameras wird in den allermeisten Fällen die additive Farbmischung nach dem RGB-Farbmodell benutzt. Bereits in der Namensgebung klingt an, wie hier die Farbentstehung vor sich geht: Bei dieser Methode wird Licht bzw. Farbinformation hinzugefügt (addiert) und aus den drei Farben Blau, Rot und Grün werden alle anderen Farben erzeugt.

Damit eine Farbaufnahme entstehen kann, muss die Aufnahme durch die drei Farbauszugsfilter Rot, Grün und Blau erfolgen. Aus den drei Einzelbildern entsteht dann das farbige Foto:

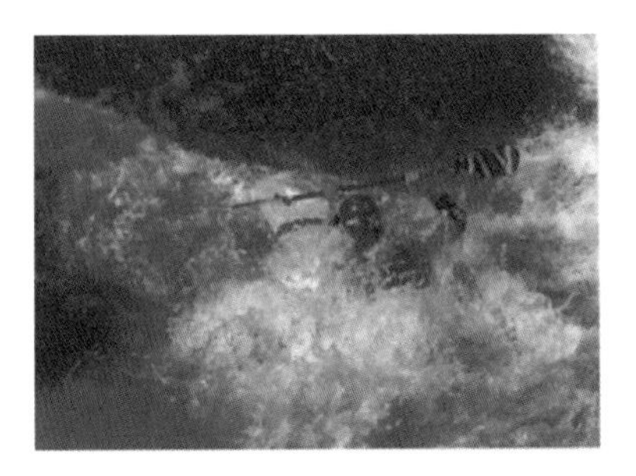

Aus drei monochrom gefärbten Bildern…

…entsteht das Farbbild.

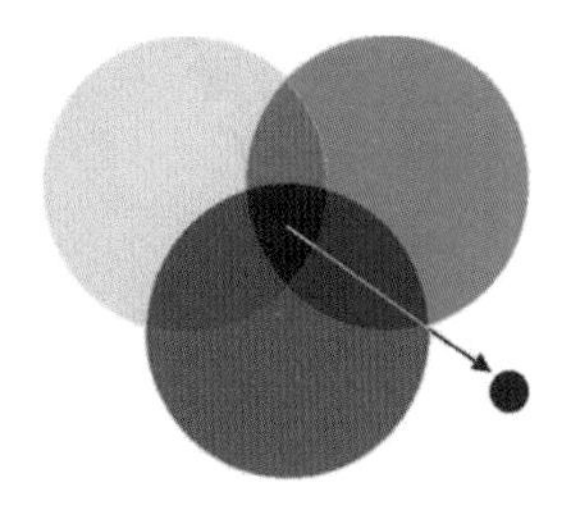

Einige wenige Kamerahersteller setzen auf das subtraktive Farbmodell mit den drei Grundfarben Cyan, Magenta und Gelb CMY (siehe auch S. 40). Sie versprechen sich davon reinere Farben, denn sie argumentieren, dass die Bildausgabe via Tintenstrahldrucker, Fotopapier oder auch der Zeitungsdruck) letztlich gleichfalls nach dem CMYK-Farbmodell arbeiten. Beim Einsatz in der digitalen Kamera kann allerdings in der Praxis keines der beiden Farbmodelle signifikante Vorteile für sich verbuchen.

Damit der farbenblinde Bildwandler farbsehend wird, benötigt er also in jedem Fall einen Farbfilter. Und für ein Farbbild bedarf es mindestens dreier Farbauszüge. Es gibt nun unterschiedliche Möglichkeiten, zum farbigen Foto zu gelangen:

2.3.1 Drei Farbfilter

Hierbei werden drei Farbauszugsfilter nacheinander vor den Chip gebracht (zum Beispiel per Filterrad), die Aufnahme erfolgt in drei Durchgängen mit maximaler Auflösung. Nominelle und physikalische Auflösung sind gleich.

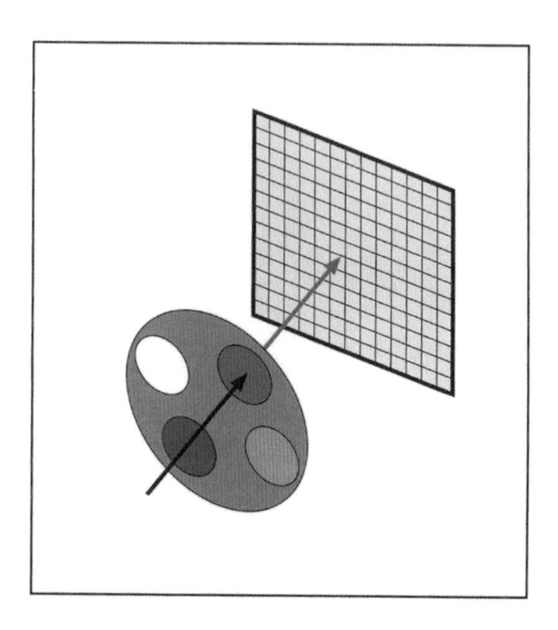

Three-Shot-Verfahren: Graustufenaufnahmen erfolgen ohne Filter, für Farbaufnahmen braucht es drei Durchgänge.

Dieses Verfahren wird auch heute noch in der professionellen Studiofotografie genutzt, da es die Auflösung des Chips bestmöglich ausnutzt. Nachteilig ist, dass aufgrund der drei Filterdurchgänge nur statische Motive fotografiert werden können, da drei aufeinander folgende Belichtungen notwendig sind (ganz besonders lange belichten Zeilensensoren bei diesem so genannten „Three Shot").

2.3.2 Drei Bildsensoren

Hier werden die drei Farbauszüge gleichzeitig auf drei Bildsensoren aufgenommen. Das Bild wird dazu mittels Prismen oder Teilspiegeln auf drei Einzelsensoren geleitet, vor denen sich jeweils einer der Farbauszugsfilter Rot, Grün und Blau befindet. Jeder Farbauszug weist die volle Auflösung auf, physikalische und nominelle Auflösung entsprechen sich.

Da hier allerdings drei Chips notwendig werden, ist das Verfahren kostspielig, zeigt jedoch hervorragende Ergebnisse.

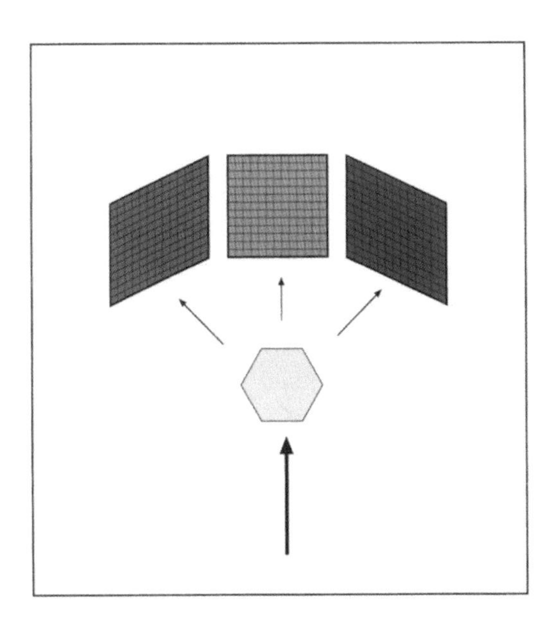

Drei Bildwandler mit je einem Farbauszugsfilter

Die Auflösung kann erhöht werden, indem die einzelnen Chips leicht versetzt angeordnet sind, jeweils also ein etwas anderes Teilbild erfassen. Durch moderne Rechenverfahren lassen sich diese drei versetzten Teilbilder wieder sehr genau zusammenführen (die unterschiedliche Farbinformation wird interpoliert). Die nominelle Auflösung ist in dem Fall höher als die physikalische.

2.3.3 Drei Sensorschichten

Relativ neu ist eine Entwicklung der Firma Foveon, die hinsichtlich der Farbbildung ganz ähnlich funktioniert wie der analoge Film: Der so genannte X3-Bildwandler in CMOS-Architektur ist aus drei übereinander liegenden Schichten aufgebaut, die für Rot, Grün und Blau empfindlich sind.

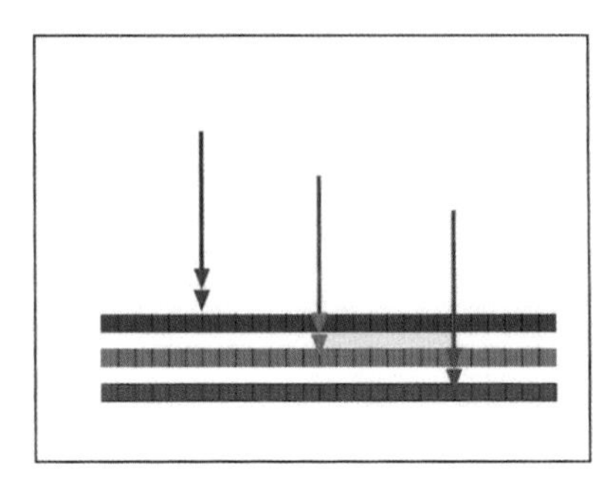

X3-Chip von Foveon mit drei Bildempfangs-schichten

Es handelt sich dabei gewissermaßen um eine übereinander angeordnete 3-Chip-Lösung, die sich die Tatsache zunutze macht, dass das Licht je nach je nach Wellenlänge unterschiedlich tief ins Silizium-Substrat eindringt – so kann beispielsweise das rote Licht den blauen Chip durchdringen.

Gegenüber dem Filtermosaik hat das den Vorteil, dass jedes Pixel sämtliche Informationen aufzeichnet; es muss nichts dazugerechnet werden und die Bildqualität ist bei gleicher Auflösung höher.

2.3.4 Mosaikfilter

Der Bildsensor hat einen (vorgeschalteten oder aufgedampften) Mosaikfilter, so dass sich vor jedem Pixel ein Farbauszugsfilter (meist Rot, Grün oder Blau) befindet. Verständlich, dass dadurch die physikalische Auflösung erst einmal drastisch sinkt. Durch Farbinterpolation wird allerdings dafür gesorgt, dass jedes Pixel auch die Farbinformationen der Nachbarpixel zugerechnet erhält, so dass sich der Auflösungsverlust nominell nicht so drastisch darstellt.

Hierbei zeichnen die einzelnen Pixel (Sensoren) eines Chips jeweils nur eine Farbe auf – die anderen Farbanteile müssen durch Interpolation der benachbarten Pixel errechnet werden (Farbinterpolation).

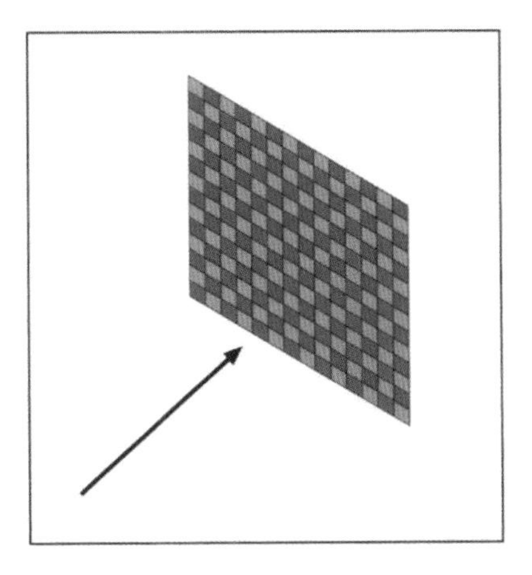

Mosaikfilter RGGB: Fehlende Farbinformationen werden interpoliert.

Es hängt nun von der Software und vor allem vom Know-how des Programmierers ab, wie gut das gelingt. Deshalb können zwei Digitalkameras selbst dann unterschiedlich gute Bildergebnisse zeigen, wenn der gleiche Sensor eingebaut ist.

Wie gut die Interpolationstechnik funktionieren muss beziehungsweise wie viel Fachwissen hinter den zugrunde liegenden Algorithmen steckt, wird deutlich, wenn das Farbmosaik für die drei Farbkänale RGB aufgesplittet wird:

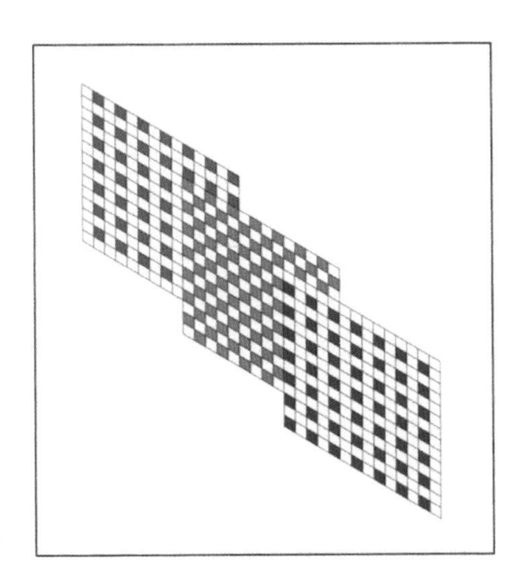

Effektiv wird G zu 50 % aufgezeichnet, R und B werden nur zu 25 % erfasst, der Rest wird interpoliert (geschätzt). Die so genannte

„Bayer-Farbmatrix" aus 2x G und je 1x R und B wird benutzt, da der Grünkanal insbesondere auch für den Schärfeeindruck verantwortlich ist. Die Fotos werden besser, wenn hier mehr Informationen gesammelt werden.

RGGB-Farbmatrix und CMYY-Farbmatrix

Einige Kamerahersteller setzten beim Mosaikfilter auf CMYY statt auf RGGB, weil auch die Druckverfahren mit dem Farbmodell CMYK arbeiten und das verspricht in der Theorie reinere Farben. Das aber klappt auch theoretisch nur bei einem reinen CMY-Workflow ohne jede Farbraumkonvertierung von der Aufnahme über die Bildbearbeitung bis zur Ausgabe. In der Praxis hingegen sind letztlich keine Unterschiede feststellbar. Größere Bedeutung kommt bei beiden Verfahren der Güte der Rechenverfahren respektive dem Know-How beim Interpolieren der Farben zu.

Mosaikfilter werden bei allen One-Shot-Kameras des unteren und mittleren Preissegments benutzt. „One Shot" bedeutet, dass die Farbaufnahme mit einer einzigen Belichtung entsteht. Deshalb eignen sich One-Shot-Kameras für bewegte Motive und Actionfotografie.

Sony variierte das RGGB-Prinzip erstmals im Modell Cybershot DSC-F828 leicht zu RGBE (das E steht für Emerald = Smaragdgrün). Durch zwei unterschiedliche Grüntöne soll die Farbwiedergabe dem natürlichen Eindruck besser angepasst werden. Im Besonderen rote und blaugrüne Farbtöne sollen deutlich besser wiedergegeben werden. Insgesamt gibt Sony an, den Farbwiedergabefehler im Vergleich zur herkömmlichen RGGB-Matrix halbiert zu haben.

2.3.5 Pixel-Shifting

Höherpreisige Kameras mit Flächensensor erlauben – neben dem One-Shot-Verfahren – auch eine Three-Pass-Aufnahme, das so genannte Pixel-Shifting, bei der der Mosaikfilter für die drei Farbauszüge um jeweils ein Pixel verschoben wird.

Ein etwas einfacheres Verfahren setzte JVC bei einigen seiner Digitalkameras ein: Hier wird der Mosaikfilter einmalig um eine Pixelweite verschoben, was in der Summe dann 100 % Erfassung der Grünwerte und 50 % Erfassung der Rot- und Blauwerte bedeutet. Ohne Pixel-Shifting wird G wie erwähnt ja nur zu 50 %, R und B zu 25 % erfasst, der Rest wird interpoliert (geschätzt).

In jedem Fall eignet sich dieses Verfahren nur für unbewegte Motive, da die drei Aufnahmen leicht zeitversetzt erfolgen.

2.3.6 Farbtiefe

Ein weiteres Kriterium für die Informationsdichte und somit für die Qualität eines Bildes ist die Bittiefe. Sie sagt etwas darüber aus, wie viele Farb- beziehungsweise Grauabstufungen ein Bild maximal enthalten kann.

Von Echtfarben spricht man bei 24 Bit Farbtiefe (8 Bit pro Farbe), wobei 16,7 Millionen Farben gleichzeitig dargestellt werden können. Die 24 Bit entstehen, wenn man jeder der drei Grundfarben Rot, Grün und Blau je 8 Bit zuordnet, was für jede Farbe den vollen Umfang bedeutet (256 x 256x 256 = 16.777.216).

Manche Kameras zeichnen mit höherer Bittiefe auf – zum Beispiel 12 Bit pro Farbe. Das bietet durchaus Vorteile, denn diese höhere Informationsdichte kann genutzt werden, um die Bildzeichnung und damit -qualität vor allem in den problematischen Schatten- und Lichterbereichen zu verbessern.

Zwischen Farbtiefe und Farbanzahl besteht folgender Zusammenhang:

Tiefe in Bit	Farben	Graustufen
1	2 (Schwarz und Weiß)	
2	4	4
4	16	16
8	256	256
16	32768	256
24	16,7 Millionen	256 plus Farben

2.3.7 Farbraum

Nicht ganz unwichtig ist auch der Farbraum, in dem die Kamera das Foto speichert. Ganz im Gegenteil entscheidet die Wahl des Farbraums über die möglichen Farbnuancierungen.

Am plakativsten wirkt auf den ersten Blick sehr oft sRGB. Das liegt ganz einfach daran, dass dieses „small RGB“ den kleinsten gemeinsamen Nenner aller farbfähigen Geräte beschreibt; sprich, nur einen vergleichsweise sehr eingeschränkten Farbraum zulässt. Entsprechend undifferenziert und knallig sind die Farben. Das wirkt zunächst und vor allem auf dem (nicht kalibrierten) Monitor „satt und kräftig“, dies aber auf Kosten von Farbnuancen und Feinzeichnung.

Besteht die Möglichkeit, so sollte an der Kamera ein anderer (größerer) Farbraum wie beispielsweise Adobe-RGB gewählt werden. Hier zunächst die Farbraumdarstellung von sRGB (in Apples ColorSync Dienstprogramm):

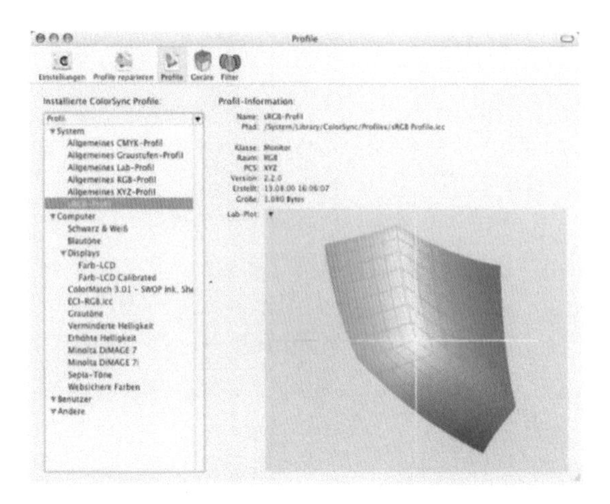

Farbraum sRGB

Der mögliche Farbraum der Kamera kann aber ganz anders aussehen. Besonders interessant ist er dann, wenn er größer ist, denn je mehr Farb- und Helligkeitsinformationen das Foto enthält, um so mehr Variations- und Manipulationsmöglichkeiten bieten sich in der Bildbearbeitung. Hier das Farbraummodell einer Kamera:

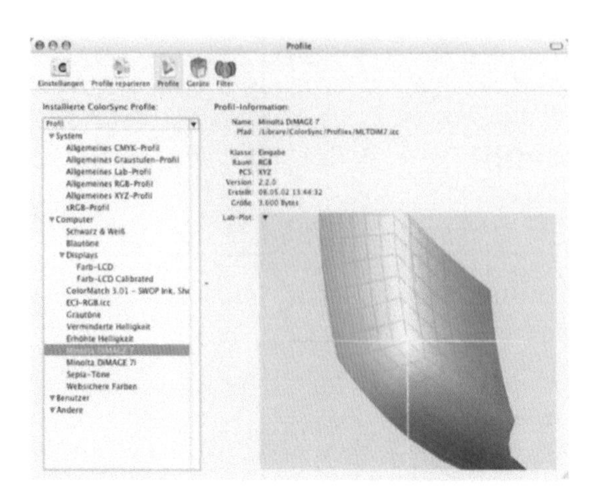

Möglicher Farbraum einer Kamera (hier: Minolta Dimage 7)

Die Unterschiede der Farbräume respektive der darstellbaren Farben werden im Vergleich der beiden Profile deutlich:

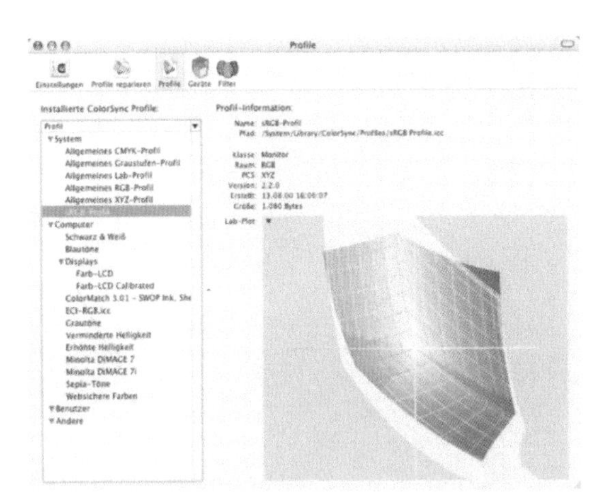

Farbraumvergleich sRGB – Kamera

Alternativ kann man das RAW-Format wählen. Dabei wird zunächst gänzlich auf die Farbberechnung verzichtet. Aufgezeichnet wird ein unkorrigiertes Graustufenbild.

Vorteil: Die rohen Bilddaten können später am Computer hinsichtlich Farbigkeit, Helligkeit etc. exakt bearbeitet werden und diese Einstellungen lassen sich auch zurücknehmen und korrigieren.

Direkt in der Kamera dagegen wird der Farbraum unwiderruflich vergeben und der gegebenenfalls vorhandene größere Farbraum ist unwiderruflich beschnitten.

Zu beachten ist dabei, dass das RAW-Format von Kamerahersteller zu Kamerahersteller unterschiedlich ist. Es kann deshalb nur von speziellen Programmen (die der Kamera beiliegen) gelesen und in ein Farbbild verwandelt werden.

2.4 Lichtempfindlichkeit

Die Empfindlichkeit des Bildwandlers wird wie die eines Filmes angegeben. Üblicherweise liegt sie im Bereich von ISO 100/21° bis ISO 800/30° (je nach Kameramodell und Chip). Je empfindlicher der Chip ist, desto weniger Licht benötigt er für die Bildentstehung und desto länger sind auch bei schummeriger Beleuchtung scharfe Aufnahmen aus der freien Hand möglich.

Auch hier kann die digitale Fotografie Vorteile in die Waagschale werfen: Hohe Empfindlichkeit ohne Korn beispielsweise. Wenn die Kamera auf hohe Empfindlichkeit (zum Beispiel ISO 4000/37°) optimiert ist, dann übertreffen die Ergebnisse selbst einer 2-Megapixel-Kamera jene mit vergleichbar empfindlichem, analogem Filmmaterial.

Traditionell wird die Empfindlichkeit eines Films so definiert: Der Bereich des Negativs, in dem die Belichtung nicht ausreichend war, eine Schwärzung hervorzurufen, wird als Schleier bezeichnet. Jene Lichtmenge, mit der eine Schwärzung erreicht wird, die 0,1 Dichteeinheiten über diesem Schleier liegt, kennzeichnet die normierte Empfindlichkeit des Filmes.

Die Lichtempfindlichkeit digitaler Kameras folgt dieser Norm und wird meist vereinfacht – wenn auch nicht ganz richtig – als ASA-Wert angegeben (ASA = American Standard Association). Diese Maßeinheit für die Lichtempfindlichkeit fotografischen Materials war im englischsprachigen Raum üblich und ist (eigentlich) in der ISO-Norm aufgegangen:

ISO ist die Empfindlichkeitsangabe entsprechend der Internationalen Standardisierungsorganisation. Sie vereint die beiden früheren Normen DIN und ASA in einem Wert. Aus 100 ASA beziehungsweise 21 DIN werden ISO 100/21° (hier findet sich sogar noch – im Gradzeichen – die schon lange nicht mehr benutzte Empfindlichkeit nach Scheiner wieder).

Eine Verdoppelung der ersten Zahl im ISO-Wert (dem alten ASA-Wert) entspricht auch einer Verdoppelung der Empfindlichkeit: ISO 200/24° bedeutet somit doppelt so lichtempfindlich wie ISO 100/21° respektive es wird nur halb so viel Licht für die Aufnahme benötigt (bei ansonsten gleichen Aufnahmeparametern).

2.5 Bildfehler

Neben Fehlern wie etwa Objektivfehlern (Verzeichnung, Vignettierung, ...), die bereits aus der analogen Fotografie bekannt sind, führt die digitale Technik einige bislang unbekannte Fehler ein. Obwohl es nicht schadet, um diese Fehler zu wissen, sollten sie auch nicht überbewertet werden.

2.5.1 Bildrauschen

Bildrauschen entsteht bei schwachem Bildsignal oder langen Belichtungszeiten und äußert sich vor allem in den dunklen Bildpartien durch „aufgeraute" Flächen und falsche Farbpixel.

Bildrauschen; hier durch Schärfung verstärkt, um es deutlich zu machen.

Rauschen hat vor allem zwei Ursachen:

- Dunkelströme durch thermische Elektronen. Das heißt, die Elektronen wurden nicht durch Photonen ausgelöst, sondern allein aufgrund der Wärmebewegung der Moleküle im Chip.
- Ausleserauschen durch fehlerhaftes Verstärken der beim Belichten entstandenen Spannungen.

Je schwächer das eigentliche Signal beziehungsweise je länger die Belichtung, um so größer die Gefahr von Rauschen: Der Signal-Rausch-Abstand (Signal-to-Noise Ratio) sinkt, das heißt, erwünschte und nicht erwünschte Ladung liegen immer dichter beieinander. Die Bildinformation verliert an Eindeutigkeit.

In der Praxis ist die Einzelsensorgröße ein entscheidender Faktor für das Bildrauschen: Je größer, um so weniger Bildrauschen tritt auf. So haben kompakte Modelle eine Sensorgröße von nur rund 2,5 µm bis 4 µm, wohingegen digitale Spiegelreflexmodelle typischerweise knapp 7 µm bis über 11 µm aufweisen können.

Da das Bildrauschen bei ungefähr 6 µm bis 6,5 µm Sensorgröße signifikant nachlässt, sind große Bildwandler mit großen Einzelsensoren diesbezüglich klar im Vorteil. So wirkt das ISO-100-Foto einer digitalen Kompaktkamera (respektive eben das eines kleinen Sensors) in etwa wie eine 400- oder gar 800-ISO-Aufnahme mit größeren Einzelsensoren.

Weil allerdings Signalverarbeitung wie Filteralgorithmen immer ausgefeilter werden, bessert sich auch das Rauschverhalten kleiner Einzelsensoren. Hohe Fertigungsqualität tut ein Übriges.

2.5.2 Blooming

Besonders helle bzw. stark reflektierende Stellen eines Motivs können den so genannten „Blooming-Effekt" (blooming = ausblühen) zeigen, der sich durch Überladung des Chips erklärt.

In so ausgeprägter Form (siehe die Kantenübergänge am weißen Rand der Graukarte) trat Blooming nur in den Anfangstagen digitaler Fotografie auf:

Hier erhalten die einzelnen CCD-Sensoren zu viel Licht und damit Ladung und sind nicht mehr in der Lage, daraus eine verwertbare Bildinformation zu gewinnen. Sie geben die hohe Ladung zudem an benachbarte Sensoren weiter, so dass sich der Bildfehler noch verstärkt.

Mittlerweile beugen die Kamerahersteller dieser Überladung durch elektronische Schaltkreise vor; der Blooming-Effekt tritt heute kaum mehr auf.

Beim CMOS-Sensor können Nachbarzellen prinzipbedingt nicht überladen werden, er ist deshalb auch nicht für Blooming anfällig.

2.5.3 Banding

Das „Banding" (= Streifenbildung) bezeichnet schmale streifenförmige Bildfehler, die sich bei hohen Empfindlichkeitseinstellungen vor allem in dunklen Bildbereichen zeigen.

2.5.4 Hot Pixel

„Heiße Pixel" treten bei CCD-Bildwandlern aufgrund unterschiedlich starker Ladungsverluste (erhöhtem Dunkelstrom) auf. Ursachen können Fertigungsfehler oder auch Verunreinigungen im Silizium sein.

Hot Pixel; hier durch Vergrößerung und Schärfung verstärkt, um sie deutlich zu machen.

Bei langen Belichtungszeiten ab etwa 1/4 s bilden sich einzelne CCD-Sensoren als helle Punkte im Foto ab. Mit zunehmender Belichtungszeit nehmen auch diese Fehlpixel zu. Da jeder Sensor gewisse Ladungsverluste aufweist, leuchten bei genügend langer Belichtung alle Sensoren auf. Aus diesem Grund begrenzen die Kamerahersteller die maximalen Belichtungszeiten.

Weil sich der Dunkelstrom bei einem Temperaturanstieg um je 7° Celsius jeweils verdoppelt, ist eine Kamera um so anfälliger für Hot Pixel, je wärmer der Bildwandler ist. Neben der Umgebungstemperatur können auch kamerainterne Vorgänge wie die Akkuerwärmung und vor allem der Betrieb des Kameramonitors (= Auslesen des CCDs) den Bildwandler aufwärmen.

Folgende Maßnahmen helfen gegen Hot Pixel, falls Langzeitaufnahmen gemacht werden sollen und es nicht möglich ist, die Belichtungszeit bei oder unter 1/4 s zu halten:

- Kamera nicht in der Hand oder am Körper tragen, damit der Bildwandler nicht unnötig warm wird.
- Benutzung des optischen Suchers und Verzicht auf den Vorschaumonitor, weil der CCD bei der Vorschau ausgelesen wird und sich dabei zwangsläufig erwärmt.
- Bei Kameras ohne optischen Sucher sollte die Motivbeurteilung kürzestmöglich ausfallen.
- Letztlich lassen sich die (wenigen) hellen Punkte nachträglich in der Bildbearbeitung einfach eliminieren.

Die schwächsten Hot Pixel zeigen sich übrigens bei Einstellung auf Nominalempfindlichkeit respektive empfohlene Empfindlichkeit. Es macht keinen Sinn, die Empfindlichkeit zu erhöhen (um so die Belichtungszeit zu verkürzen). Selbst bei kürzerer Belichtungszeit zeigen sich in dem Fall die hellen Fehlstellen eher deutlicher. Hinzu kommt das mit höherer Empfindlichkeit ansteigende Bildrauschen.

2.5.5 Aliasing und Moiré

Aliasing ist, vereinfacht ausgedrückt, eine Störung feiner Strukturen. Wenn die Ortsfrequenz (die Feinheit) einer Struktur in einem bestimmten Verhältnis zur Ortsfrequenz des Sensorchips steht (so genannte Nyquist-Frequenz), wird die Struktur nicht exakt wiedergegeben, sondern „verschwimmt" und zeigt „Geisterbilder", das so genannte Moiré.

Manche kennen das noch aus den Anfangstagen des Farbfernsehens: Der Pepitarock flirrte und flimmerte plötzlich in allen Regenbogenfarben auf dem Bildschirm. Heute ist nicht nur die Technik besser, sondern auch Pepita aus der Mode. Und die Fernsehleute lassen Moiré-Gefährdetes gar nicht erst ins Studio.

Der Fotograf kann sich seine Motive aber nicht immer aussuchen. Glücklicherweise gibt es beim Fotografieren sowie Scannen und in der Bildbearbeitung Mittel dagegen. Ein Moiré lässt sich mit der Änderung eines dieser Parameter beeinflussen:

- Vorlagenwinkelung bei der Digitalisierung
- Aufnahmemaßstab
- Bildschärfe (Scharfstellung)
- Digitale Schärfe (Unscharfmaskierung)
- Anti-Aliasing-Filter

Mit einem Anti-Aliasing-Filter wird das über die Optik auf den Sensor fallende Licht gebrochen und ein Lichtstrahl in vier einzelne Strahlen geteilt. Das erhöht die Wahrscheinlichkeit, dass jeder der einzelnen Strahlen auf ein einzelnes Pixel fällt. Ergebnis ist ein glattes Bild, etwas weicher, aber dafür frei vom gefürchteten Moiré. Es kann in der Bildbearbeitung nachgeschärft werden.

Anti-Aliasing-Filter vor dem Bildwandler Foto: Kodak

Analoge Filme kennen dieses Problem übrigens nicht, da sie kein gleichmäßiges Raster haben.

Kapitel 3

Das (digitale) Objektiv

3.1 Anforderungen

Das Objektiv ist eines der entscheidenden Elemente im Gesamtsystem „digitale Kamera". Die technische Qualität einer Aufnahme wird ganz wesentlich durch die Qualität von Bildwandler, Objektiv und Belichtungsmessung bestimmt. Hinzu kommt noch die (hohe) Fertigungspräzision, die Bildwandler und Objektiv (das gezoomt und scharfgestellt werden kann) für die Aufnahme an exakt definierten Stellen fixieren muss. Der ganze Rest, der eifrig beworben wird, ist zwar hilfreich oder nett, trägt aber nicht wirklich zur Bildgüte bei.

Aufgrund der feinen Strukturen eines Bildsensors muss ein digitales Objektiv in etwa 150 Lp/mm auflösen, damit die einzelnen Pixel des Wandlers unterschiedliche Bildinformationen aufzeichnen können. Das heißt, es muss auf jeden Millimeter des Bildwandlers 300 abwechselnd schwarze und weiße Linien klar getrennt abbilden können. Das schaffen nur die besten Objektive.

Was hier mangels Auflösungsvermögen nicht aufgezeichnet wird, ist unwiederbringlich verloren und kann später auch nicht mehr hinzugerechnet werden.

Allein eine Angabe zur Auflösung des Bildwandlers (8 Megapixel...) liefert also keine hinreichende Information zur erzielbaren Bildqualität. Zu klären ist immer auch, ob das Objektiv in der Lage ist, dieser Auflösung auch gerecht zu werden. Das ist nicht immer der Fall.

So ist es nicht ausgeschlossen, dass die 4-Megapixel-Kamera mit hervorragendem Objektiv letztlich bessere Fotos mit mehr Detailinformationen liefert als die 5-Megapixel-Kamera mit mittelmäßigem Objektiv.

3.2 Eigenschaften

Auf der Fassung des Objektivs sind die wichtigsten Daten eingraviert, mit denen eine Optik charakterisiert ist: Brennweite und Lichtstärke. Das kann zum Beispiel so aussehen: „2–2,8/7,1–51".

Foto: Sony

Es handelt sich mithin um ein Zoomobjektiv mit einer Brennweitenspanne von 7,1 mm bis 51 mm und einer Lichtstärke von 1:2,0 bis 1:2,8. Die Lichtstärke variiert in diesem Beispiel je nach gewählter Brennweite. Das Objektiv hat bei 7,1 mm eine recht hohe Lichtstärke von 2,0, die mit zunehmender Brennweite bis auf den immer noch guten Wert von 2,8 abnimmt.

Um die Vergleichbarkeit auch bei unterschiedlichen Chipgrößen zu vereinfachen (gleiche Brennweiten zeigen in so einem Fall unterschiedliche Bildwirkungen), und auch, weil diese Angaben vertrauter sind, werden Digitalbrennweiten üblicherweise – zumindest im Prospekt – in ihrem Kleinbild-Äquivalent angegeben. Das sieht dann in etwa so aus: Brennweitenbereich 7,1 – 51 mm (entspricht 28 – 200 mm bei Kleinbild).

Auf der Objektivfassung werden meist noch weitere Angaben gemacht und es damit ein bisschen so wie mit Wein: Je genauer die Herkunftsangaben, um so besser das Produkt. Der Kenner gerät bei manchen „Etiketten" regelrecht ins Schwärmen.

Im Beispiel sind noch „Carl Zeiss", „Vario-Sonnar" und „T*" eingraviert. Jedes ist für sich ein Gütezeichen. Carl Zeiss ist einer der ältesten und nach wie vor besten Objektivhersteller der Welt, das Vario-Sonnar ist eine berühmte Objektivrechnung von dieser Firma und das T* weist auf die Mehrschichtvergütung hin, die die Firma Carl Zeiss erfand, und die die Reflexion innerhalb der Optik vermindert und damit die Brillanz der Fotos erhöht.

Natürlich gibt es bei den Objektiven genau wie beim Wein nicht nur einen Hersteller, der die Kunst der Fabrikation beherrscht. Pauschal kann gesagt werden, dass alle renommierten Kamerahersteller wie Canon, Kodak, Nikon, Minolta, Olympus, Pentax usw. das notwendige Wissen beherrschen, um hervorragende Digitalobjektive und -kameras zu bauen.

Aber der digitale Kameramarkt sieht auch neue Namen. Hersteller, deren Kerngeschäft bislang woanders lag, die aber nicht unbedingt schlechter sein müssen. Ein Beispiel von vielen ist die Firma Sony, die das Know-How der Firma Carl Zeiss eingekauft hat und in ihren Kameras das „Vario-Sonnar" verbaut.

3.2.1 Brennweite

Brennweite – diesen Begriff kennen wir alle als Experiment aus unserer Jugendzeit, als wir mit einer Leselupe begeistert Löcher in Papier gebrannt haben. Die Lupe musste dazu in einem ganz bestimmten Abstand über das Blatt Papier gehalten werden, bis die Projektion der Sonne zu einem kleinen Punkt gelang, der heiß genug war, das Papier anzusengen. Wir mussten den Brennpunkt im wahrsten Sinne des Wortes zu finden.

Und gar so weit ist die fotografische Optik davon nicht entfernt. Die Brennweitenangabe drückt ebenfalls aus, in welcher Entfernung vom Film bzw. Chip sich die Hauptebene eines Objektivs befinden muss, um in Unendlichstellung ein scharfes Bild auf die Oberfläche zu projizieren.

Der Wechsel der Brennweite ermöglicht die Bildgestaltung durch Wahl des Bildausschnitts:

Wirkung verschiedener Brennweiten

Nun hat die moderne Optik gegenüber der Lupe enorme Fortschritte erzielt und es ist nicht nur möglich geworden, ausgezeichnete Festbrennweiten, sondern auch sehr gute Zoomobjektive zu bauen. Bei Zoomobjektiven wird durch das Verstellen einzelner Linsengruppen innerhalb des Objektivs die Brennweite geändert, ohne dass sich der Abstand zwischen Frontlinse und CCD-Chip ändern müsste.

Der Vorteil, mit einem Objektiv gleichzeitig verschiedene Brennweiten zu besitzen, liegt auf der Hand.

3.2.2 Brennweite und Bildwinkel

Ob eine Brennweite als Weitwinkel-, Normal- oder gar Telebrennweite wirkt, entscheidet sich erst, wenn das Aufnahmeformat feststeht, denn danach erst ergibt sich der Bildwinkel, der entscheidet, ob viel, normal oder wenig vom Motiv gezeigt wird.

Angenommen sei zunächst ein relativ großes Aufnahmeformat – etwa 56 x 56 mm Mittelformat. Ein 50-mm-Objektiv muss einen großen Bildwinkel von etwa 75° aufweisen, um das Format auszuzeichnen, und bildet demzufolge viel vom Motiv ab (Weitwinkelwirkung).

Wird das Filmformat verkleinert, auf 24 x 36 mm beispielsweise, dann wird aus dem großen Motivfeld nurmehr ein Ausschnitt aufgenommen – der aufgezeichnete Bildwinkel misst etwa 46° und das Objektiv tendiert Richtung normal.

Verkleinert man das Aufnahmeformat noch weiter – auf einen CCD-Chip mit 12 x 9 mm etwa – so verringert sich der aufgezeichnete Bildwinkel wiederum und das Resultat ist ein Bildwinkel um 20° und damit eine Teleaufnahme.

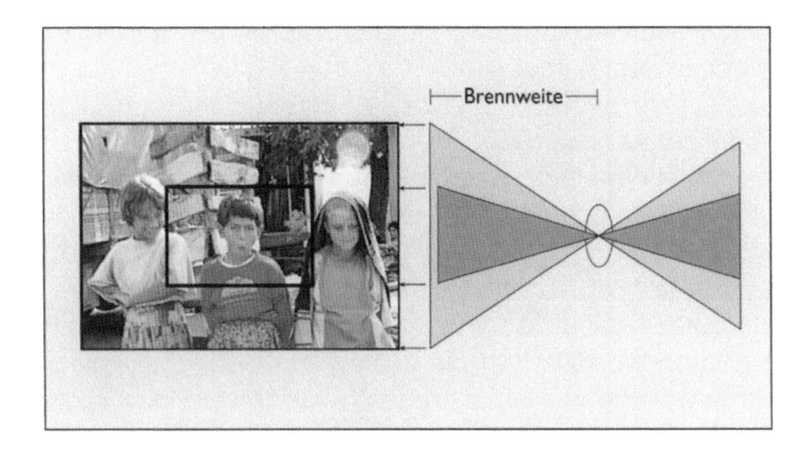

Das Aufnahmeformat bestimmt den erfassten Bildwinkel und damit den Motivausschnitt.

So ergibt sich bei digitalen Kameras mit Wechselobjektiven nicht selten das Problem, dass der Bildwandler kleiner ist als das korrespondierende analoge Filmformat und die Aufnahmeobjektive mehr in Richtung Telewirkung tendieren (da sie vom Filmformat nur den kleineren Chipausschnitt nutzen). Wird also mit dem digitalen Gehäuse eine Aufnahme mit dem 35-mm-Weitwinkel gemacht, so kann das – beispielsweise – in der Bildwirkung einer Kleinbildaufnahme mit einem 85-mm-Teleobjektiv entsprechen.

In dem Fall gibt der Kamerahersteller einen Verlängerungsfaktor an; 1,6fach bedeutet zum Beispiel, dass das Objektiv am digitalen Kameragehäuse um diesen Faktor „vergrößert": Mit Digitalgehäuse zeigt das 50-mm-Objektiv aufgrund der kleineren Sensorfläche dasselbe Bildfeld wie ein 80-mm-Objektiv am Analoggehäuse.

Das freut den Tier– oder Sportfotografen ebenso, wie es den Landschafts– oder Architekturfotografen ärgert. Denn während dadurch der eine seine Möglichkeiten der Telefotografie auf Anhieb sichtlich verbessert, fehlen dem anderen die Spielarten extremer Weitwinkel.

Es gibt aber auch Kameras mit zwischengeschalteter Linsenkonstruktion respektive größeren Chips (Vollformatsensoren), die die vom Analogen (Kleinbild) gewohnten Brennweitenwirkungen 1:1 beibehalten.

Zunehmend bieten sowohl Kamera- wie Objektivhersteller eigens für Digitalgehäuse (und deren kleineres Aufnahmeformat) gerechnete Zoomobjektive an, die entsprechend kurze Brennweiten haben, mit denen sich dann wieder „normale" Aufnahmewirkungen zeigen. So werden beispielsweise Zoomobjektive 15–35 mm angeboten, deren Bildwirkung 24–56 mm bei Kleinbild entspricht (bei einem Verlängerungsfaktor von 1,6).

Bei Digitalkameras, die nicht auf das Objektivsortiment der Kleinbildkamera zugreifen (können respektive müssen) beziehungsweise die mit fest eingebautem Objektiv angeboten werden, werden die Brennweiten natürlich der Größe des Bildwandlers angepasst. Da preiswerte Bildwandler immer auch klein sind, sind in dem Fall auch die Brennweiten deutlich geringer. Da kann dann zum Beispiel ein Objektiv mit einer Brennweite von 5 mm einem 35-mm-Objektiv bei Kleinbild entsprechen.

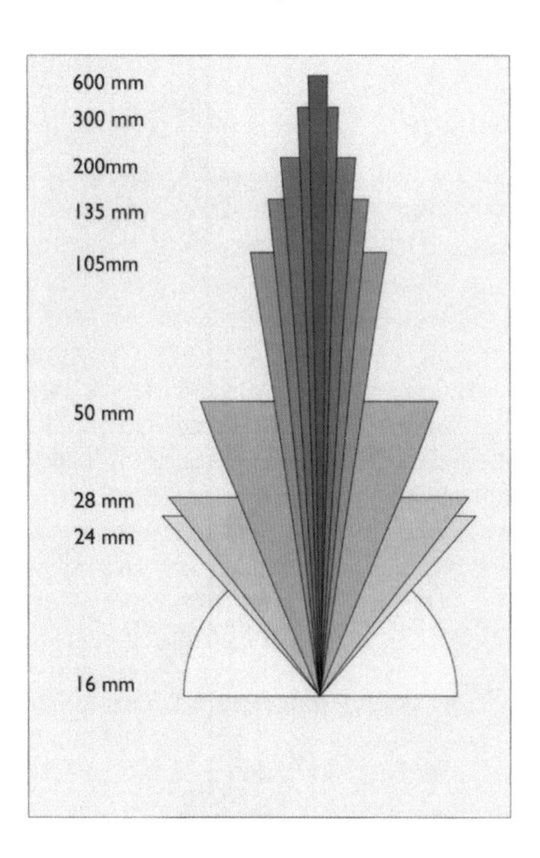

Brennweite und Bildwinkel bei Kleinbild

3.2.3 Blende

Zur Steuerung der Belichtung kann die Öffnung eines Objektivs verkleinert werden. Durch dieses Abblenden wird einerseits das einfallende Licht begrenzt, andererseits die Schärfentiefe geregelt. Die „krummen" Zahlen, die sich auf manchen Objektiven in den Blendenring eingraviert finden, bezeichnen die internationale Blendenreihe:

1,0 – 1,4 – 2,0 – 2,8 – 4,0 – 5,6 – 8 – 11 – 16 – 22 – 32 usw.

Der Blendenwert ist eine Verhältniszahl (Brennweite / Öffnung), der die relative Öffnung eines Objektivs angibt. Derselbe Blendenwert bedeutet also immer dieselbe einfallende Lichtmenge, bei einem Weitwinkelobjektiv genauso wie bei einem Teleobjektiv.

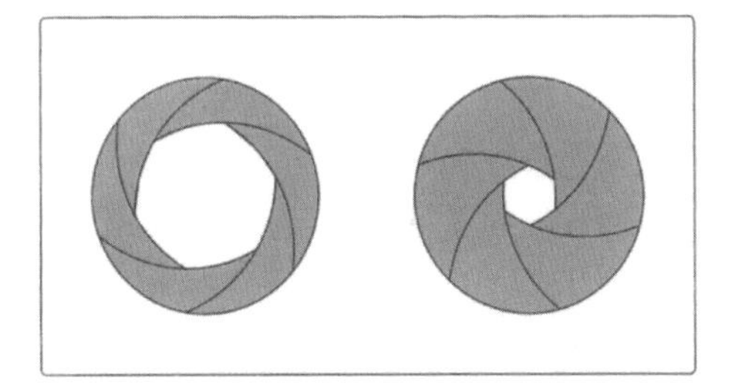

Kleiner Blendenwert – große Öffnung. Und umgekehrt.

So beschreibt obige Blendenreihe (1,0 – 1,4 ...) jeweils ein Verdoppelung bzw. Halbierung der einfallenden Lichtmenge. Durch die Feinabstufung mit halben, drittel oder gar noch feineren Blendenwerten kann der Lichteintritt ins Objektiv und damit die Belichtung genau gesteuert werden.

In Verbindung mit der Verschlusszeit, die ja die Belichtung gleichfalls anhebt oder absenkt, wird es möglich, die Belichtung individuell zu variieren und dabei gleichzeitig die Bewegungsschärfe (mit der Verschlusszeit) und die Schärfentiefe (mit der Blende) zu beeinflussen.

Viele Digitalkameras der einfacheren Art besitzen keine verstellbare Blende. Selbst wenn man einen Blendenwert manuell einstellen kann, wird damit keineswegs eine Blende am Objektiv verstellt, sondern man beeinflusst damit lediglich die Signalverarbeitung des Bildsensors, sprich dessen Empfindlichkeit. Auf die d hat dies natürlich keinerlei Einfluss.

3.2.4 Lichtstärke

Die Lichtstärke bezeichnet die größtmögliche Öffnung (= Blende) eines Objektivs. Sie sagt aber nichts über die Gesamtqualität eines Objektivs aus! Ein lichtstarkes Objektiv ist nicht notwendigerweise besser als ein lichtschwaches. Es ist im Gegenteil so, dass ein gutes Objektiv hoher Lichtstärke einen höheren Korrekturaufwand erfordert, wenn es vergleichbar gut wie ein lichtschwaches abbilden soll.

Eine hohe Lichtstärke macht das Aufnahmesystem sensibler, denn Aufnahmen lassen sich dann zum einen auch bei geringem Licht verwacklungsfrei aus der Hand und ohne Blitzlicht machen. Gleichzeitig wird die Schärfentiefe um so geringer, je weiter die Blende geöffnet ist – das Spiel mit der (geringen) Schärfentiefe, das „Freistellen" eines Motivs vor unscharf aufgelöstem Hintergrund als gestalterisches Element ist möglich.

Das Normalobjektiv zählt bei hervorragender Qualität zu den lichtstärksten (und preiswertesten) Objektiven. Foto: Minolta

Da ein direkter Zusammenhang zwischen Brennweite und Schärfentiefe besteht, ist besonders bei den Digitalkameras mit kurzen Brennweiten (= hohe Schärfentiefe) eine möglichst hohe Lichtstärke vorteilhaft, um die Schärfentiefe selektiv nutzen zu können. Ergeben doch kurze Brennweiten in Kombination mit kleinen Blendenöffnungen sehr große Schärfentiefe. Dabei wird alles von vor bis hinten scharf abgebildet, was nicht immer erwünscht ist.

Von „hoher" Lichtstärke spricht man bei Normal- und Weitwinkelbrennweiten gemeinhin bei Werten ab 2,0; Leica stellt sogar das extrem lichtstarke Noctilux 1,0/50 mm her – allerdings passt das nur an die Sucherkamera Leica M. Teleobjektive gelten ab 2,8 als sehr lichtstark.

Bei Digitalkameras mit kleinen Chips und dem entsprechend kurzer Brennweite sollte das Objektiv eine Lichtstärke von 2,8, besser noch 2,0 aufweisen, wenn auch nur ein wenig Einflussnahme auf die Schärfentiefe bleiben soll.

Lichtstarke Optiken sind groß und schwer – erlauben aber das Spiel mit der Schärfentiefe. Foto: Sony

Denn aufgrund der oft sehr kleinen Bildwandler und der dadurch bedingten kurzen Brennweiten kann bei Digitalkameras trotz der kleineren Unschärfekreise die Schärfentiefe bei vergleichbarem Bildwinkel (Motivausschnitt) das Doppelte und mehr betragen.

Interessant schließlich der Vergleich unterschiedlicher Lichtstärken: Der Sprung um einen Blendenwert – etwa von 2,8 auf 2,0 – beschreibt immerhin eine Verdoppelung der einfallenden Lichtmenge – das Objektiv ist damit doppelt so lichtstark (und die Schärfentiefe halbiert sich).

3.2.5 Optimale Blende

Jedes Objektiv zeigt seine beste Abbildungsqualität bei einer ganz bestimmten Blende; die kann allerdings von Objektiv zu Objektiv unterschiedlich sein. Ein Reproobjektiv etwa kann auf Blende 22 optimiert sein – bei dieser Einstellung bildet es fantastisch ab; alle andere Blendeneinstellungen hingegen zeigen eine deutlich schlechtere Abbildungsqualität und sind nur als Hilfe für den Reprographen gedacht, der bei offener Blende besser scharfstellen kann.

Objektive für die bildmäßige Fotografie reagieren bei weitem nicht so extrem, zeigen aber auch eine optimale Leistung bei einer Abblendung um etwa zwei bis drei Blendenstufen. Als Faustregel kann gelten, dass eine Blendeneinstellung auf 5,6 der maximalen

Leistungsfähigkeit des Objektivs mindestens sehr nahe kommt. Das ist – rein technisch betrachtet – die optimale Blende.

Stärkeres Abblenden führt zu einer Minderung der Abbildungsqualität durch Beugung der Lichtstrahlen an den Blendenlamellen. Diese Beugungserscheinungen sind um so stärker, je kleiner der tatsächliche Blendendurchmesser ist.

Nun weisen besonders kurze Brennweiten auch besonders kleine Blendendurchmesser auf. Eine Blende 4 hat bei 50 mm Brennweite rund 12,5 mm Durchmesser; bei 20 mm Brennweite sind das nurmehr 5 mm.

Das ist auch der Grund, warum sich kompakte Digitalkameras mit kurzen Brennweiten (beginnend ab 5 mm und weniger) nicht über 8 oder 11 hinaus abblenden lassen: der tatsächliche Blendendurchmesser würde sonst so klein, dass die Beugungserscheinungen nicht mehr tolerierbar wären.

Genau aus demselben Grund lassen sich Objektive an Kleinbildkameras selten über 16 oder 22 hinaus abblenden, während Objektive für das Großformat bis 45 und darüber hinaus abblendbar sind. Siehe auch Abschnitt *3.6.1 Abblenden.*

3.2.6 Schärfe

Es war bereits eingangs von den (hohen) Anforderungen an das digitale Objektiv die Rede. Neben der optischen Qualität spielen weitere Faktoren eine Rolle für das scharfe Foto. Hier einmal all die Parameter, die den Schärfeeindruck eines Fotos bestimmen können, in der Übersicht:

- Optische Qualität: siehe Abschnitt *3.1 Anforderungen.*
- Scharfeinstellung: Nur bei genauer Scharfstellung wird das interessierende Motivdetail auch mit optimaler Schärfe abgebildet.
- Blendenwahl: siehe Abschnitt *3.2.5 Optimale Blende.*
- Schärfentiefe: siehe Abschnitt *3.2.7 Schärfentiefe.*
- Bewegungsunschärfe: Wenn sich das Motiv bewegt (Rennwagen, aber auch Blüte im Wind), muss die Verschlusszeit so schnell gewählt werden, dass das Motiv „einfriert“.
- Verwacklungsunschärfe: Da sich der Fotograf immer ein wenig bewegt, sollte die Verschlusszeit bei Freihandaufnahmen mindestens dem Kehrwert der Brennweite entsprechen: Bei einem 200-mm-Objektiv also wenigsten 1/200 s betragen. Die tendenziell

sehr kurzen Brennweiten digitaler Kameras zeigen hier Vorteile, da gemäß obiger Faustregel Freihandaufnahmen im Weitwinkelbereich durchaus noch bei 1/10 s machbar sind. Maximale Schärfe bzw. minimale Verwacklungsunschärfen verspricht aber nur der Einsatz eines guten Stativs.

- Motivkontrast: An einem dunstigen Tag oder bei Nebel wird das absolut scharfe Foto am fehlenden Motivkontrast scheitern.
- Beleuchtungskontrast. Je brillanter das Licht, desto „knackiger" und damit schärfer scheinen auch die Fotos zu sein.
- Lichteinfall. Fällt direktes Licht ins Objektiv, so führt das zu teilweise erheblichen Reflexen – das Foto wird durch unerwünschtes Fremdlicht u.U. signifikant in seiner Brillanz gemindert. Ein gutes Gegenmittel ist eine Gegenlichtblende.

Zusammengefasst: Das optimal scharfe Foto entsteht mit dem höchstwertigen Objektiv nur bei optimaler Blendenwahl und sorgfältigster Scharfeinstellung. Die Kamera ist auf dem Stativ montiert und in Frage kommen sowieso nur bewegungslose Motive im Sonnenlicht, das im Rücken des Fotografen scheint.

Diese pointierte Zusammenfassung macht deutlich, dass die Anforderungen an die Schärfe eines Fotos, obzwar meist wichtig, keinesfalls überbewertet werden dürfen.

Ein entscheidendes Kriterium für die Güte eines Objektivs – und auch für den Schärfeeindruck eines Fotos – ist der Bildkontrast:

Die Fotos unterscheiden sich ausschließlich im Bildkontrast.

Der Bildkontrast spielt eine mindestens ebenso starke Rolle für den Schärfeeindruck wie alle anderen Schärfekriterien zusammen. Das Foto mit hohem Kontrast kann sogar eine deutlich niedrigere Auflösung und Schärfe haben – es wird doch schärfer erscheinen.

3.2.7 Schärfentiefe

Brennweite und Blende legen in Kombination die Schärfentiefe fest – jenen Bereich im Foto, der uns scharf erscheint. Grundlage dafür ist die (begrenzte) Auflösungsfähigkeit des Auges; seine Fähigkeit, zwei benachbarte Punkte gerade noch getrennt wahrzunehmen.

Unbenommen von der Schärfentiefe – der scheinbaren Schärfe – zeichnet jedes Objektiv von der Einstellebene ein absolut scharfes Bild in höchster Auflösung. Die Zerstreuungskreise wachsen von hier aus um so mehr an, je mehr ein Objektpunkt vor oder hinter dieser Einstellebene liegt.

Geringe Schärfentiefe eignet sich, das Hauptmotiv gegen den Hintergrund abzusetzen.

Sind diese Zerstreuungskreise nun genügend klein, kann sie das menschliche Auge nicht mehr auflösen und der Bereich erscheint scharf. Bei durchschnittlichem Sehvermögen liegt die Sehschärfe bei 1/60 Grad (1 Winkelminute). Daraus ergibt sich bei normaler Leseentfernung von 25 cm, dass Details in der Größe von 0,07 mm noch erkannt werden, bei 50 cm Entfernung müssen die Details bereits 0,14 mm groß sein. Der Schärfeeindruck ist also direkt abhängig vom Betrachtungsabstand (und von der Sehschärfe).

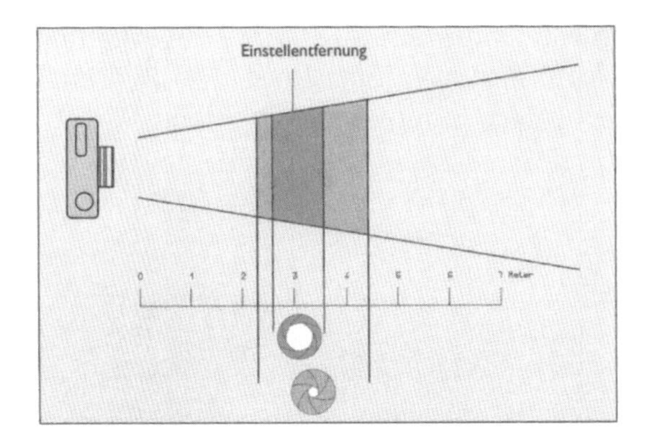

Zusammenhang von Blendenöffnung und Schärfentiefe

In der Praxis geht man bei den normalen Bildformaten um 9 x 13 cm von erlaubten Zerstreuungskreisen von 1/10 mm (= 0,1 mm) im Bild aus. Den Bildbereich, in dem die Zerstreuungskreise 1/10 mm nicht überschreiten, nennt man Schärfentiefezone. Vergrößert man ein Foto auf beispielsweise 40 x 50 cm, ändert sich der Schärfentiefeeindruck in der Regel nicht, obwohl die Unschärfekreise anwachsen, da ja auch der Betrachtungsabstand zunimmt.

Damit sich diese Gegebenheiten im Bild wieder finden, legt man zur Berechnung der Schärfentiefe eines Kamerasystems heute in der Regel 1/2000 (früher 1/1500) der Formatdiagonalen zu Grunde und kann dann die Schärfentiefe für jede Brennweite und Blende ausrechnen. Die entsprechenden Formeln finden sich im Anhang.

In der Berechnung wie in der Praxis bestimmen also folgende Parameter den Eindruck von Schärfe und Schärfentiefe:

- Objektivbrennweite: Je kürzer die Brennweite ist, desto größer ist die Schärfentiefe. Halbierung der Brennweite bedeutet vierfache Schärfentiefe, bei Verdoppelung wird nurmehr ein Viertel scharf abgebildet.
- Aufnahmeabstand: Je größer der Aufnahmeabstand, um so größer die Schärfentiefe. Die Schärfentiefe wächst auch hier im Quadrat zur Entfernung.
- Objektivblende: Je weiter die Blende geschlossen wird, um so mehr wächst die Schärfentiefe. Doppelter Blendenwert bedeutet auch doppelt so große Schärfentiefe.
- Betrachtungsentfernung: Je weiter entfernt der Betrachter ist, um so schärfer erscheint ihm das Bild.
- Sehvermögen: Je besser man sieht, desto unschärfer erscheint das Foto.

Letztlich spielen natürlich auch die Sehgewohnheiten und die persönlichen Anforderungen eine Rolle. Ein Bildredakteur, der Fotos für ein Werbeplakat aussucht, stellt andere Ansprüche als Tante Frieda.

Kleine Blendenöffnungen (= große Blendenwerte) ergeben große Schärfentiefe.

Weil viele Digitalkameras aufgrund des kleinen Bildwandlers (= Aufnahmeformat) auch besonders kurze Brennweiten nutzen (siehe Abschnitt *3.2.2 Brennweite und Aufnahmeformat)* und weil die optischen Gesetzmäßigkeiten für die Schärfentiefe maßgeblich mit der Brennweite zusammenhängen, zeigen die vergleichsweise extrem kurzen Brennweiten, die im Bereich von etwa 5–30 mm liegen, sehr große Schärfentiefe. Selbst Objektive mit relativ hoher Lichtstärke (2,0 beispielsweise) weisen gegenüber dem vom Kleinbild Gewohnten eine überraschend große Schärfentiefe auf.

Das kann von Vorteil sein, denn die Scharfeinstellung ist nicht annähernd so kritisch wie bei den deutlich größeren Aufnahmeformaten. Es wird dann zum Nachteil, wenn die (geringe) Schärfentiefe bewusst zur Bildgestaltung genutzt werden soll.

3.2.8 Unschärfekreise

Schon vor einiger Zeit haben japanische Fotografen einen neuen Qualitätsaspekt bei Objektiven ausfindig gemacht und dieser bekommt langsam auch bei uns Bedeutung: Üblicherweise wird lediglich die Schärfeleistung eines Objektivs betrachtet, die sich ja auch noch relativ einfach bestimmen lässt. Den Japanern nun ist auch die „Unschärfeleistung" – die Abbildung der unscharfen Bereiche – wichtig, ja sie haben sogar einen Ausdruck dafür: „Bokij" (im englischen „bokeh") wird das in etwa ausgesprochen. Der Ausdruck bezeichnet die Qualität der Unschärfebereiche.

Obwohl es noch keine allgemein gültigen Test- oder auch nur Beurteilungskriterien gibt, und es sie wohl auch nie geben wird, ist doch unstrittig, dass unterschiedliche Objektive die Unschärfebereiche verschieden abbilden und dass dies die Bildwirkung beeinflussen kann. Das ist sicher kein erstrangiges Kriterium für ein gutes Foto, aber ob sich der Hintergrund eher weich und sanft oder eher hart und ungleichmäßig in Unschärfe auflöst, das kann mindestens im direkten Vergleich schon eine Rolle spielen.

3.2.9 Naheinstellgrenze

In der analogen Fotografie ist es üblich, den erreichbaren Abbildungsmaßstab anzugeben. Das macht Sinn, weil das Aufnahmeformat feststeht: Ein Abbildungsmaßstab von 1:2 bedeutet demnach im Kleinbildformat (24 x 36 mm), dass ein Bildfeld von 48 x 72 mm abfotografiert werden kann. Bei einem Abbildungsmaßstab von 2:1 wiederum wird ein Bildfeld von 12 x 18 mm erfasst.

Aufgrund der Vielzahl unterschiedlicher Chipgrößen ist dieses Verfahren bei Digitalkameras wenig praktisch. Die meisten Hersteller geben deshalb die Naheinstellgrenze an. Aussagen wie „Makromodus bis 2 cm" besagen nichts anderes, als dass man mit der Frontlinse auf bis zu 2 cm an das Motiv herangehen kann. Damit ist aber noch keinerlei Aussage darüber getroffen, wie klein oder groß der Abbildungsmaßstab ist. Man kann lediglich vermuten, dass angesichts der geringen Aufnahmedistanz auch ein entsprechend kleiner Motivausschnitt formatfüllend abgebildet werden kann.

Hilfreich wäre es, wenn die Hersteller die Größe des Bildfeldes angeben würden. Eine Aussage wie „kleinstes Motivfeld = 2 x 3 cm" wäre insofern nützlich, als sich mit dieser Angabe die Nahtauglichkeit aller Kameras formatunabhängig vergleichen ließe.

Grundsätzlich gilt allerdings, dass digitale Kompaktkameras eine in der Regel ausgezeichnete Nahtauglichkeit zeigen; selbst kleine Objekte wie Münzen können ohne Zubehör formatfüllend fotografiert werden.

3.3. Bauformen

3.3.1 Fixfokusobjektiv

Eine Kamera mit Fixfokusobjektiv hat keine Entfernungseinstellung. Das Objektiv macht im Bereich ab etwa ein Meter bis Unendlich scharfe Bilder. Auch Zoomobjektive können nach dem Fixfokus-Prinzip konstruiert sein.

Durch Festeinbau des Objektivs, das fest auf die hyperfokale Distanz eingestellt wird, geringe Lichtstärke (= kleine Blendenöffnung) und kurze Brennweiten (die große Schärfentiefe aufweisen), erreicht man bei Fixfokuskameras, dass diese einen großen Bereich auch ohne exakte Scharfeinstellung relativ scharf abbilden. Webcams sind ein typisches Beispiel, aber auch einfache Kompaktkameras.

Fixfokuskamera
Foto: Casio

Die Konstrukteure machen sich dabei die so genannte hyperfokale Distanz zunutze: Diese bezeichnet die Distanz von der Kamera (exakt vom optischen Objektivmittelpunkt) bis zum ersten scharf erscheinenden Punkt (bei Einstellung auf Unendlich und einer bestimmten Blende). Die bestmögliche Ausnutzung der Schärfentiefe wird durch Einstellen auf diese hyperfokale Distanz erreicht. Statt auf Unendlich wird auf die hyperfokale Distanz scharf gestellt. So wird erreicht, dass der Schärfenraum von der halben hyperfokalen Distanz bis ins Unendliche reicht (Formel siehe Anhang).

Was die fotografischen Möglichkeiten angeht, bleibt man bei Fixfokusobjektiven natürlich auf diese Vorgaben (große Schärfentiefe, keine Brennweitenanpassung) beschränkt. Der Bildausschnitt lässt sich nur durch eine geänderte Aufnahmeentfernung variieren.

Durch die einfache Konstruktion lassen sich mit Fixfokusobjektiven äußerst preiswerte Kameras realisieren. Für die Aufnahme bleibt jedoch – ohne Brennweitenspielraum und ohne die Möglichkeit, Schärfe und Blende zu beeinflussen – wenig kreativer Spielraum. Derartige Konstruktionen sind gut für Anwendungen ohne größere gestalterische Allüren.

3.3.2 Objektiv fester Brennweite

Die Steigerung der Fixfokus-Konstruktion ist eine Kamera mit einem fest eingebauten Objektiv fixer Brennweite (meist mit automatischer Scharfstellung kombiniert). Das garantiert in der Regel nicht nur ein schärferes Hauptmotiv (die Schärfe ist immer in der Einstellebene am größten), sondern es werden auch erste Experimente mit der Schärfentiefe via Blendeneinstellung möglich – sofern die Kamera auch tatsächlich eine reale Blende besitzt und nicht nur die Signalverarbeitung des Bildsensors steuert.

Festbrennweite
Foto: Minox

Daneben werden Objektive fester Brennweite natürlich auch als Wechselobjektive (siehe auch Abschnitt 3.3.5) angeboten und gehören dann in der Regel zum Besten, was angeboten wird. Denn gegenüber Zoomobjektiven bietet eine Festbrennweite folgende Vorteile: Kompaktheit sowie hohe Lichtstärke und Abbildungsqualität.

Es gibt Fotografen, die nahezu ausschließlich mit einer einzigen Brennweite arbeiten. Den Fotos merkt diese weise Beschränkung nicht an, sofern Könner am Werk sind. Ganz im Gegenteil gehen sie damit besonders kreativ um.

3.3.3 Zoomobjektiv

Grafik: Minolta

Zoomobjektive besitzen eine verschiebbare Linsenkonstruktion, mit der sich die Brennweite und damit der Bildausschnitt stufenlos verändern lässt. Zum Beispiel von 5 mm bis 20 mm. Im Gegensatz zu Kameras mit Festbrennweite können damit Motivausschnitte gewählt werden. Das interessante Detail kann in voller Auflösung fotografiert werden.

Es ist nun keinesfalls so, dass das Zoomobjektiv mit dem größeren Brennweitenbereich auch das bessere ist. Ganz im Gegenteil wachsen auch die konstruktiven Anforderungen mit zunehmender Brennweitenspanne.

Bei einem Objektiv mit sehr großem Brennweitenbereich etwa, das zudem tragbar und bezahlbar bleiben soll, ist es unumgänglich, konstruktive Zugeständnisse zu machen. Das perfekte Objektiv kann es zwar sowieso nicht geben, aber es ist leicht einzusehen, dass eine Festbrennweite einfacher zu berechnen und preisgünstiger zu produzieren ist als ein Zoom, und dass bei einem Zoomobjektiv wiederum mit zunehmender Brennweitenspanne auch die Schwierigkeiten, sprich Kosten, anwachsen bzw. größere Kompromisse gemacht werden müssen.

Foto: Nikon

Viele Digitalkameras haben ein fest eingebautes Zoomobjektiv. Neben der optischen Qualität sollte hier auch der Bedienung ein Augenmerk gewidmet werden: Eine manuelle Brennweitenverstellung (per Drehring) funktioniert schneller und genauer als die elektrische Verstellung über Wipptaste.

Bei Wechselzooms ist diese Ausstattung ohnehin Standard: Die Brennweite wird immer manuell per Dreh- oder Schiebering verstellt. Wechselobjektive mit motorischem Zoom wurden zwar angeboten, aber ihnen war kein Erfolg beschieden.

3.3.4 Digitales Zoom

Hier sorgt nicht eine reale Linsenverstellung für die Vergrößerung des Bildausschnittes, sondern ein digitaler Trick: Das Bild wird aus den (wenigen) vorhandenen Daten hochgerechnet. Es ergeben sich mosaikartig vergröberte Bilder mit geringer Bildschärfe und rauer Bildwirkung.

Das kontrollierte Skalieren in der Bildbearbeitung ist immer besser als eine unbekannte und nicht steuerbare Interpolation bei der Digitalisierung! Verzichten Sie deshalb grundsätzlich auf das Digitalzoom: Größer rechnen können Sie nötigenfalls weit exakter im Bildbearbeitungsprogramm.

3.3.5 Wechselobjektiv

Viele Spiegelreflex- und Großformatkameras erlauben einen Objektivwechsel. (Einige wenige hochwertige Sucherkameras aus dem analogen Bereich bieten diese Möglichkeit gleichfalls.)

Damit können Objektiv respektive Brennweite den Aufnahmeanforderungen genau angepasst werden: Tele-, Weitwinkel-, Zoom- und Makroobjektive gibt es da zum Beispiel. Zudem Adapter, beispielsweise zum Anschluss der Kamera an Mikroskop oder Teleskop.

Fisheye mit 180° Bildwinkel
Foto: Nikon

Während anfangs Schraubgewinde benutzt wurden, kommt heute praktisch ausschließlich ein Bajonett zum Einsatz, mit dem sich das Objektiv schnell mit nur einer Vierteldrehung am Kameragehäuse befestigen lässt. Die Objektivbajonette unterschiedlicher Hersteller sind allerdings nicht kompatibel; Sie legen sich also mit der Wahl einer Kameramarke auch auf den Objektivanschluss fest.

Foto: Nikon

Elektronische Kontakte übernehmen den Datentransfer zwischen Kamera und Objektiv. So werden z. B. Informationen über die Lichtstärke und Brennweite des gerade angesetzten Objektivs übertragen (mit diesen Daten kann dann die Belichtungsautomatik rechnen) und vom Kameragehäuse aus wird die Scharfstellbewegung des Objektivs gesteuert.

Entspricht das digitale Aufnahmeformat nicht dem analogen, so ändert sich aufgrund der unterschiedlichen Größe von Filmformat und Bildwandler die Wirkung der Brennweiten (siehe *3.2.2 Brennweite und Aufnahmeformat*).

Die Kamerahersteller gehen diese Problematik auf unterschiedliche Weise an:

- Bei der teuersten Lösung mit Vollformatsensoren bleibt die gewohnte Brennweitenwirkung komplett erhalten.
- Werden kleinere Sensoren benutzt, muss der Fotograf typischerweise einen Verlängerungsfaktor um 1,5 bis 2 einkalkulieren. Ein 24-mm-Weitwinkel zeigt dann am Digitalgehäuse die Bildwirkung eines 35-mm-Weitwinkels oder gar eines 50-mm-Normalobjektivs.
- Letztlich werden auch Wechselobjektive mit kleinerem Bildkreis angeboten, die nur am Digitalgehäuse benutzt werden können und deren Brennweiten dem (kleinen) Bildwandler entsprechend (kurz) sind.

Bei Wechselobjektiven sollte vorzugsweise zu den bestmöglichen Objektiven gegriffen werden; idealer Weise ist auch hier das Objektiv eigens für die Digitalfotografie gerechnet, denn wie in 3.1 beschrieben, sind die Anforderungen nicht eben gering.

3.3.6 Fremdobjektiv

Objektive werden nicht nur vom Kamerahersteller selbst angeboten: Eine ganze Reihe von Firmen (Sigma, Tamron, Tokina usw.) bieten so genannte „Fremdobjektive" mit dem jeweils passenden Bajonett an. In der Regel funktioniert die Kamera mit einem Fremdobjektiv so, als sei ein Originalobjektiv angeschlossen.

Weitwinkelzoom
Foto: Sigma

Fremdobjektive sind meist deutlich preiswerter als das entsprechende Originalobjektiv, auch das Angebot an extremen Zoombrennweiten und exotischen Brennweiten ist oft größer als beim Kamerahersteller selbst.

Mit Problemen muss unter Umständen im Schadensfall gerechnet werden, da Kamera und Objektiv nicht beim gleichen Hersteller auf Einhaltung der Toleranzen überprüft werden.

Beim Kauf sollte darauf geachtet werden, dass das Fremdobjektiv die gleiche Drehrichtung beim Scharfstellen/Zoomen hat wie die Originalobjektive. Sonst kann die unterschiedliche Bedienung bei einem Objektivwechsel doch sehr verwirren.

3.4 Sonderkonstruktionen

3.4.1 Makroobjektiv

Praktisch jeder Hersteller einer (Kleinbild-) Kamera mit Wechselobjektiven bietet auch wenigstens ein Makroobjektiv an. Typisch ist der besonders lange Auszug, der es ohne weiteres Zubehör erlaubt, bis zum Maßstab 2:1 (halbe natürliche Größe) oder gar 1:1 zu fotografieren.

Daneben werden absolute Spezialisten wie das unten abgebildete Macro Zoom 1,7–2,8/45–52 mm angeboten. Dieses Objektiv ist ausschließlich für Fotografien mit Abbildungsmaßstäben zwischen 1:1 und 3:1 bestimmt.

Foto: Minolta

Bei Makroobjektiven ist die ganze optische Konstruktion auf höchste Qualität (im Nahbereich) angelegt. Ein Makroobjektiv muss auch für Reproduktionen geeignet sein und das stellt besondere Anforderungen an das Objektiv: absolute Verzeichnungsfreiheit, beste Bildfeldebnung, hohe Farbtreue und großes Auflösungsvermögen werden verlangt. Damit Aufsichtsvorlagen wie die Briefmarke oder eine Landkarte auch wirklich exakt wiedergegeben werden können. So entsteht ein hervorragendes Objektiv, das sich auch für die normale Fotografie vorzüglich eignet.

Makroobjektiv 2,8/100 mm Foto: Minolta

Aus diesen Gründen empfehlen die Hersteller oft auch ihre Makroobjektive, wenn es um höchste Abbildungsleistung mit einem digitalen Rückteil geht.

Abhängig vom bevorzugten Einsatzzweck wird man sich für unterschiedliche Brennweiten beim Makroobjektiv entscheiden. Wird vorwiegend am Reprogerät gearbeitet, dann empfiehlt sich die kürzere Brennweite, da hier bei möglichst geringer Aufnahmeentfernung möglichst große Objektfelder bis zum Format DIN A4 oder DIN A3 abgedeckt werden sollen und die Säule am Reproständer nur eine begrenzte Länge hat.

Demgegenüber ist bei Nahaufnahmen im Freien immer zu einer längeren Brennweite zu raten, weil der Abstand Frontlinse – Motiv größer wird. Das erleichtert die (Zusatz-) Beleuchtung, der Schatten des Fotografen fällt nicht so schnell aufs Motiv und auch die Fluchtdistanz von Tieren wird nicht so schnell überschritten.

3.4.2 Shiftobjektiv

Shiftobjektive können aus der optischen Mittelachse verschoben werden und werden eingesetzt, um perspektivische Verzeichnungen zu vermeiden.

Soll beispielsweise ein hohes Gebäude fotografiert werden, so muss die Kamera in der Regel geneigt werden, was wiederum die so genannten „stürzenden Linien" zeigt. Denn gemäß den Abbildungsgesetzen verlaufen parallele Linien nicht mehr parallel, wenn die Filmebene nicht exakt parallel zur Motivebene ausgerichtet ist. Was wir in der Horizontalen (Eisenbahnschienen) ohne weiteres akzeptieren, wirkt in der Vertikalen (Haus) unnatürlich; das Haus scheint auf dem Foto nach hinten zu kippen.

PC Super Angulon 2,8/28 mm Foto: Schneider-Kreuznach

Hier setzt das Shiftobjektiv an: Die Kamera wird parallel zum Motiv ausgerichtet und durch Verschieben kann der Bildausschnitt nun im Rahmen der Verschiebewege so angepasst werden, dass das Motiv komplett, aber ohne stürzende Linien abgebildet wird.

Am Beispiel „Haus" etwa sieht das in etwa so aus, dass bei parallel ausgerichteter Kamera zunächst halb Straße, halb Haus zu sehen ist. Durch Verschieben das Objektivs nach oben wird die Straße „beschnitten" und das Haus komplett abgebildet.

Durch Drehen des Objektivs lässt sich die Verschiebung des Bildfeldes für jede Gegenstandsebene erreichen; also auch seitlich rechts und links bzw. nach unten.

Shiften vermeidet stürzende Linien

Bei Kleinbildobjektiven kann das Bild um typischerweise maximal 11 mm (= nahezu halbe Negativhöhe) verschoben werden und das entspricht bei einem Aufnahmemaßstab 1:1000 (= Aufnahmeentfernung 35 m bei 35 mm Brennweite) einer Standortverlagerung der Kamera um immerhin 11 m (Formel siehe Anhang).

Obzwar diese Funktion des Entzerrens von etlichen Bildbearbeitungsprogrammen angeboten wird, gilt auch hier, dass die perfekte Aufnahme durch nichts zu ersetzen ist. Als gelegentliche Hilfe ist die Bildmanipulation hervorragend geeignet; der Architekturfotograf aber wird auf eine Beeinflussung per Shiftobjektiv direkt bei der Aufnahme nicht verzichten können und wollen.

Behelfsweise geht es auch so: Die Aufnahme wird mit einem parallel ausgerichteten Weitwinkel gemacht und hinterher um Überflüssiges beschnitten.

Shiftobjektive werden preiswert bei mittelmäßiger Qualität von dem russischen Hersteller Kiev (2,8/35 mm) und in hervorragender Qualität von der Firma Schneider-Kreuznach (2,8/28 mm) angeboten. Via Adapter passen beide an viele Kleinbildkameras. Canon bietet für seine Kameras TS-Objektive an (siehe folgender Absatz).

3.4.3 Tilt-Shift-Objektiv

TS-Objektive (von „Tilt and Shift" = Verschwenken und Verschieben) werden mitunter auch als PCS-Objektive bezeichnet (= „Perspective Control and Scheimpflug"). Sie lassen sich genau wie Shiftobjektive zur Perspektivkorrektur verschieben, können aber auch verschwenkt werden (typisch etwa +/- 8°), um die Scheimpflugbedingung zu erfüllen (das ist übrigens für alle Großformatkameras nach dem Prinzip der optischen Bank auch ohne Spezialobjektiv eine Selbstverständlichkeit).

Die Scheimpflugbedingung besagt, dass eine Ebene dann scharf abgebildet wird, wenn Motiv-, Objektiv- und Bildebene parallel zueinander stehen oder sich in einer gemeinsamen Geraden schneiden.

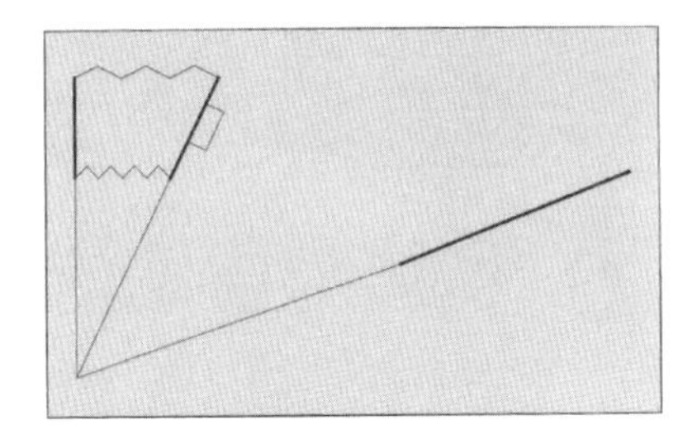

Scheimpflugbedingung

Der Normalfall ist die Parallelität der „starren" Kamera: Objektiv- und Bildebene sind feststehend parallel zueinander montiert; punktscharf abgebildet wird deshalb die dazu parallele Motivebene, auf die fokussiert wurde.

Bei einem TS-Objektiv hingegen kann die Optik um typischerweise +/- 8° (bei Kleinbild) geschwenkt werden, so dass sich die absolute Schärfe in eine Ebene legen lässt, die nicht parallel zur Filmebene steht. Zusammen mit der Schärfentiefe kann der Schärfeverlauf im Bild gezielt gesteuert werden.

Damit kann nicht nur ein möglichst großer Bereich scharf abgebildet werden, sondern der Schärfeverlauf kann auch ganz gezielt begrenzt werden. So kann die Schärfe über eine gegenüber der Kamera geneigte Fläche gelegt werden. Besonders im Nahbereich, wo die Schärfentiefe ja rapide abnimmt, bietet das enorme Vorteile.

Ein Beispiel macht die Funktionsweise deutlich: Fotografiert werden soll ein Mikrochip bei leichter Schrägansicht. Schärfentiefe sei 1 mm. Es ist offensichtlich, dass der Chip nur in Teilbereichen scharf erscheinen wird. Außer, die Scheimpflugbedingung kann erfüllt werden: Das Objektiv wird geneigt, bis sich die gedachten Verlängerungen von Gegenstandsebene (Chip), Objektiv- und Bildebene in einer Geraden treffen – der Chip ist auch ohne Abblenden über die gesamte Oberfläche scharf. Und mit Abblenden lassen sich auch noch alle Beinchen scharf abbilden.

Shiftobjektiv PCS Super Angulon 4,5/55mm Foto: Rollei

Der Vorteil so einer Verschwenkmöglichkeit ist nicht nur dann gegeben, wenn sich, wie beim Mikrochip, eine gerade Fläche erkennen lässt, über die die Schärfe gelegt werden kann. Es ist natürlich gleichermaßen möglich, die Schärfenebene über eine gedachte Fläche zu legen um dann mit zusätzlichem Abblenden ein Motiv scharf abzubilden.

Auch hierzu ein Beispiel: Ein Ring, im Winkel von 45° zu Kamera zeigend und aufrecht stehend, ist zu fotografieren. Normalerweise gibt es jetzt nur die Möglichkeit, entweder auf die Vorderkante, auf den Brillanten oder auf die Hinterkante mit der Inschrift zu fokussieren und den Rest in Unschärfe zu belassen, weil gar nicht stark genug abgeblendet werden kann.

Wird allerdings die Scheimpflugbedingung angewandt, dann kann die Schärfenebene über die drei genannten wichtigen Punkte gelegt werden und der Rest wird durch Abblenden scharf.

3.4.4 Weichzeichnerobjektiv

Es werden spezielle Weichzeichnerobjektive angeboten, bei denen sich unterschiedlich starke Weichzeichnung über eine bewusste Unterkorrektur der sphärischen Aberration erzielen lässt. In Grundstellung steht ein voll auskorrigiertes Objektiv zur Verfügung, dazu verschiedene Korrekturstufen, die einen Weichzeichnereffekt zeigen. Die Weichzeichnung wird aber nur erreicht, wenn die Blende geöffnet bzw. nur mäßig geschlossen ist (nicht weiter als 5,6).

Weichzeichnung wird besonders gern bei Porträts angewandt, um Hautunreinheiten und kleine Fältchen zu überdecken. Sie eignet sich aber auch für andere Motive, denen es gut tut, wenn ihnen etwas von ihrer Schärfe genommen wird. Eine Landschaft, ein Herbstwald, ein Akt oder ein Stilleben sind Beispiele, die damit an Aussagekraft gewinnen können. Das Motiv wirkt duftiger, impressionistisch.

Angesichts digitaler Bildbearbeitung allerdings, wo die Weichzeichnung zu den Standardeffekten gehört, verzichtet man bei der Aufnahme besser auf ein entsprechendes Objektiv und bearbeitet die scharfe Aufnahme lieber gezielt am Bildschirm.

Eine Ausnahme bilden besondere Objektive wie das berühmte Imagon von Rodenstock, das seit 1931 in verschiedenen Adaptierungen für Kleinbild-, Mittel- und Großformatkameras angeboten wird und dessen Bildwirkung sich am Bildschirm nicht ohne weiteres nachbilden lässt.

Das Imagon ist eine eingliedrige verkittete Doppellinse, bei der alle Abbildungsfehler bis auf die sphärische Aberration hinlänglich korrigiert sind. Dadurch und mit Hilfe spezieller Siebblenden erreicht es eine malerische Weichheit – es sollte die Wiedergabe des Lichts als Licht ermöglichen und das ist gelungen.

3.4.5 Spiegellinsenobjektiv

Spiegellinsenobjektive sind preiswertere und vergleichsweise leichtgewichtige Alternativen für den extremen Telebereich; sie werden typischerweise mit Brennweiten von 500 mm oder 600 mm und konstruktionsbedingt geringer Lichtstärke (Blende 8) angeboten.

Der Begriff „Spiegellinsenobjektiv“ rührt daher, dass sich im Innern des Objektivs zwei Spiegel eingebaut finden, mit deren Hilfe der Strahlengang zweifach reflektiert wird, so dass sich bei sehr kompakter Bauweise lange Brennweiten geringen Gewichts realisieren lassen.

Foto: Minolta

Aufgrund des Konstruktionsprinzips ist es nicht möglich, eine Blende in ein Spiegelreflexobjektiv einzubauen; Abblenden und damit Änderung der Schärfentiefe ist also nicht möglich. Um das Objektiv trotzdem wechselnden Lichtverhältnissen anzupassen, können Neutralgraufilter benutzt werden, mit denen sich der Lichteinfall begrenzen lässt.

Wegen der fehlenden Blende zeigen sich Unschärfen anders als bei anderen Objektiven: Statt der Unschärfekreise gibt es Unschärferinge (ähnlich einem „Donut“), die – bewusst eingesetzt – einen ganz eigenen Effekt ergeben. Gegenlichtaufnahmen etwa werden im Unscharfen Lichterkreise zeigen.

Konstruktionsbedingt weisen alle Spiegellinsen einen Helligkeitsabfall zum Bildrand hin auf, der gut eine Blendenstufe ausmacht.

3.4.6 Bildstabilisator

Die Schärfe eines Fotos hängt neben der optischen Qualität und der genauen Scharfstellung von weiteren Faktoren ab. Siehe dazu auch Abschnitt *3.2.6 Schärfe*.

Eine wesentliche Einflussgröße ist die Eigenbewegung des Fotografen. Ist der Einsatz eines Stativs nicht möglich, dann versucht man, dieses „Zittern“, respektive die resultierenden Bildunschärfen, durch eine möglichst schnelle Verschlusszeit zu vermeiden. Das setzt der Freihandfotografie bei weniger Licht schnell Grenzen, weil die Verschlusszeiten hier selbst bei Offenblende so lang werden, dass das Bild unweigerlich verwackelt.

Abhilfe versprechen Bildstabilisatoren, die das Bild oder die Bildebene zu beruhigen versuchen.

Kompaktkamera mit optischem Bildstabilisator
Foto: Panasonic

Optische Bildstabilisatoren, wie sie etwa von Canon in den IS-Objektiven (IS = Image Stabilizer) oder von Nikon in den VR-Objektiven (VR = Vibration Reduction) eingesetzt werden, benutzen bewegliche Linsenelemente und Kreiselsensoren. Diese so genannten Gyroskope messen die axialen Bewegungen des Objektivs und abhängig davon wird ein bewegliches Linsensystem exakt entgegengesetzt bewegt, so dass das Bild in der Filmebene ruhig steht.

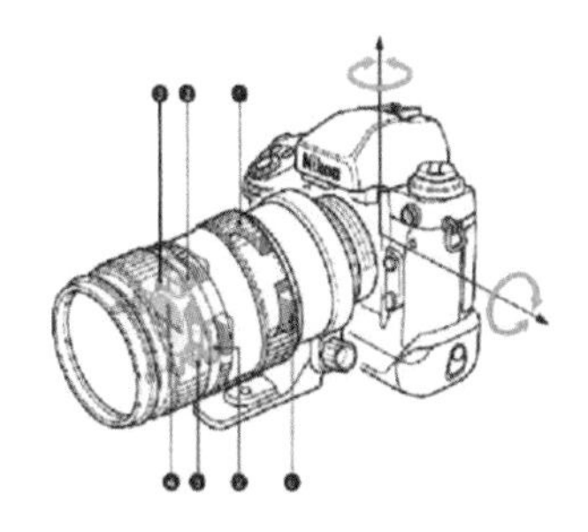

Zoomobjektiv mit VR-Bildstabilisator
Foto: Nikon

Einen anderen Weg geht Minolta bei der Dimage A1 mit dem so genannten „Anti-Shake-System“: Hier wird nicht die Linsengruppe im Objektiv bewegt, sondern der Bildwandler selbst ist beweglich gelagert und wird entsprechend der festgestellten Verwacklung gegenbewegt.

Beweglich gelagerter Bildwandler
Foto: Minolta

Vorteil der Minolta-Lösung für die Zukunft (sofern Minolta Kameras mit Wechselobjektiven und Anti-Shake-System anbietet): Das System ist kameraintern und funktioniert deshalb prinzipiell mit jeder angesetzten Brennweite, während die aufwendige Canon- oder Nikon-Lösung im Objektiv sitzt und deshalb einigen wenigen Spitzenobjektiven vorbehalten bleibt.

Optische Bildstabilisatoren zeigen in der Praxis einen Gewinn von rund 2–3 Zeitstufen: Ein 200-mm-Objektiv mit Bildstabilisator macht bei 1/60 s genauso scharfe Fotos wie jenes ohne Stabilisator bei 1/250 s.

3.5 Objektivvorsätze

3.5.1 Gegenlichtblende

Manche Hersteller legen eine Gegenlichtblende lobenswerterweise gleich der Kamera respektive dem Objektiv bei. Ist das nicht der Fall, ist sie auf jeden Fall als Zubehör lieferbar und kann als wichtigstes Zubehörteil jeder Kamera gelten.

Minolta legt die Gegenlichtblende Objektiven wie Kameras bei. Foto: Minolta

Eine Gegenlichtblende schattet unerwünschtes Seitenlicht vom Objektiv ab, das Streulicht wird reduziert, und das wiederum verhindert, dass unerwünschte Lichtreflexe die Brillanz des Fotos mindern.

3.5.2 Filter

Farb- und Effektfilter sind in der digitalen Fotografie im Wesentlichen überflüssig, denn die Software zur Bildbearbeitung bietet weit bessere und vielfältigere Möglichkeiten, Fotos zu manipulieren. Und vor allen Dingen: Hier kann ungehemmt experimentiert werden. Das unverfälschte Foto bietet dafür die besten Voraussetzungen.

Eine Ausnahme können Reproduktionen sein, denn hier kann eine Filterung bei der Aufnahme Details sichtbar werden lassen, die nachträglich nicht rekonstruiert werden können.

Dies betrifft aber vorwiegend Schwarzweißvorlagen bzw. -aufnahmen:

- Abhängig von der Farbnuance der Flecken wird entweder ein Gelb- oder ein Orangefilter Stockflecken auf einem Dokument unterdrücken.
- Umgekehrt wird ein Blaufilter diese Stockflecken besonders deutlich zeigen.
- Mit einem Rotfilter können Rottöne, zum Beispiel die Kästchen eines Millimeterpapiers, unsichtbar gemacht werden.
- Ein Grünfilter hebt die Details von Rötelzeichnungen hervor.
- Das Blaufilter wird bei vergilbten Fotografien angewandt, um sie zu verbessern.

Doch auch für die bildmäßige Fotografie gibt es einige wenige Filter, deren Einsatz sich später nur mühsam in der Bildverarbeitung simulieren lässt:

Dazu zählt das Polarisationsfilter, mit dem sich Reflexe und Spiegelungen unterdrücken lassen. Das gilt nicht nur für Spiegelungen, wie sie in Schaufensterscheiben auftreten. Sondern auch für Wasser, nasses Holz, Blätter usw. Ja selbst das Licht des Himmels wird polarisiert und das Polfilter führt damit zu einer Abdunkelung des Himmelblaus.

Die beste Wirkung zeigt ein Polfilter, wenn die Kamera im Winkel von etwa 30° zur Fläche steht, die es zu entspiegeln respektive sättigen gilt.

Auf jeden Fall interessant ist ein Infrarotfilter – die Fotografie im Bereich jenseits des normalerweise sichtbaren Lichts wird damit möglich, sofern der notorisch infrarotempfindliche Bildwandler nicht zu streng gegen Infrarot gesperrt wurde.

Aus welchen Gründen auch immer – etliche Digitalkameras haben kein Filtergewinde. Hier können Aufstecktuben mit Filtergewinde helfen, wie sie von einigen Herstellern angeboten werden. Ein Beispiel ist das Produkt Xtend-a-Lens.

3.5.3 Vorsatzkonverter

Brennweitenkonverter in Form einer Vorsatzoptik stellen bei vielen digitalen Kameras mangels wechselbarer Objektive die einzige Möglichkeit dar, die Gestaltungsmöglichkeiten zu erweitern. Der Konverter wird in das Filtergewinde des Objektivs eingeschraubt und ist, vereinfacht ausgedrückt, eine Vorsatzlinse, die die Brennweite des Grundobjektivs entweder verkürzt oder verlängert.

Dabei beeinträchtigt der Vorsatzkonverter die Lichtstärke des Objektivs nicht. Ein 2,8/200 mm wird mit 2fach Konverter zu einem 2,8/400 mm.

Digitalkamera mit eigens gerechnetem Konverter. Foto: Minolta

Tatsächlich sind Konverter eigenständige Optiken, die vor dem Kameraobjektiv ein erweitertes (Weitwinkel) oder verengtes (Tele) Bild entwerfen, das dann vom Objektiv der Kamera erfasst wird. Mit einem Weitwinkelkonverter wird ein deutlich größerer Bildausschnitt erfasst als ohne Konverter. Mit einem Telekonverter dagegen kann das Motiv noch größer abgebildet werden.

Das aufgezeichnete Bild passiert dabei zwei verschiedene optische Systeme. Um eine gute Bildqualität zu gewährleisten, werden solche Konverter in aller Regel nicht nur aus einer einzigen Linse aufgebaut, sondern sie bestehen aus einem ganzen Linsensystem, das die Qualität des Grundobjektivs annähernd erhält.

Da die meisten Kameras nicht unbedingt auf einen Konverter ausgelegt sind, sollte vor dem Kauf geprüft werden, ob der Motor

Konverter zur Camedia-Reihe Foto: Olympus

für die automatische Scharfstellung und die Brennweitenverstellung auch stark genug ist. Ebenso ist zu klären, ob die Stabilität ausreicht, den Konverter zu tragen. Schließlich muss der Konverter nicht nur mechanisch passen. Der Objektivtubus darf auch in Telestellung nicht abkippen, sonst macht das die gesamte Justage und Zentrierung des Objektivs zunichte.

Für den Einsatz gilt: Weitwinkel plus Weitwinkel; Tele plus Tele. Will heißen, beim Einsatz eines Weitwinkelkonverters wird auch das Kameraobjektiv in maximale Weitwinkelstellung gebracht, ebenso wie der Telekonverter bei größter Telestellung des Kameraobjektivs benutzt wird. Auf diese Weise zeigt sich die größte Wirkung und vor allem ist die Gefahr von Randabschattungen (Vignettierungen) so am geringsten,

Bei Konvertern wird immer ein Faktor angegeben, um den sich die Brennweite des Grundobjektivs verändert. Mit einem Weitwinkelkonverter 0,8fach beispielsweise wird aus dem 28-mm-Objektiv ein beachtliches 22-mm-Objektiv (28 x 0,8). Der Telekonverter 2fach hingegen zaubert aus einem 200-mm-Tele immerhin 400 mm Brennweite (200 x 2).

Mit Hilfe dieses Faktors lassen sich die neuen, erzielbaren Brennweiten und Bildwinkel berechnen:

Brennweite x Konverterfaktor = neue Brennweite
Bildwinkel / Konverterfaktor = neuer Bildwinkel

Nicht alle Hersteller bieten Konverter für ihre Kameras an. Es ist aber prinzipiell möglich, auch fremde Adapter an der eigenen Kamera zu nutzen. Gegebenenfalls können unterschiedliche Filtergewinde mit Hilfe von Adapterringen angepasst werden. Dabei sollte aber der Konverter immer ein gleich großes oder größeres Filtergewinde haben als das Objektiv, sonst kommt es unweigerlich zu Vignettierungen.

Bei der Verwendung hochwertiger Vorsatzkonverter sind die Ergebnisse akzeptabel bis sehr gut. Soweit möglich, empfiehlt es sich, zur Qualitätsverbesserung um etwa 2 Stufen abzublenden.

Optisch besser sind hochwertige Zwischenlinsenkonverter, die es aber prinzipbedingt nur als Telekonverter geben kann.

3.5.4 Zwischenlinsenkonverter

Für Kameras mit Wechselobjektiven werden Telekonverter angeboten, die zwischen Objektiv und Kamera eingesetzt werden. Typische Verlängerungsfaktoren liegen hier bei 1,4fach und 2fach, wobei allerdings aufgrund der Zwischenlinsenkonstruktion ein Lichtverlust im gleichen Maß einkalkuliert werden muss: So verringert der Konverter 1,4 die effektive Blende um genau einen Wert, der zweifache Konverter gar um zwei Werte. Mit Konverter gelangt also nurmehr die Hälfte bzw. ein Viertel des Lichtes zum Film.

Telekonverter 1,4fach und 2fach
Foto: Minolta

Die preiswerte Lösung sind Telekonverter von Fremdherstellern, an die sich alle Objektive, die das passende Kamerabajonett haben, anschließen lassen.

Weil der Telekonverter im Grunde nichts anderes macht, als das vom Objektiv entworfene Bild um den angegebenen Faktor zu vergrößern, wachsen damit auch die Abbildungsfehler. Je besser das benutzte Objektiv, desto besser auch das Bildergebnis. Festbrennweiten sind deshalb besser geeignet als Zoomobjektive, hochwertige Zoomobjektive mit begrenztem Brennweitenbereich wiederum sind dem 10fach Billigzoom vorzuziehen.

Ein guter Konverter wird mit einer hervorragenden Festbrennweite kombiniert gleich gute oder sogar bessere Ergebnisse zeigen wie ein Zoomobjektiv (ohne Konverter) bei gleicher Brennweiteneinstellung.

Die beste Qualität zeigen Festbrennweiten in Kombination mit den Telekonvertern des Kameraherstellers, die speziell für bestimmte Festbrennweiten gerechnet worden sind: So ist gewährleistet, dass sich aus Objektiv und Konverter wieder ein stimmiges optisches System ergibt, das hervorragende Ergebnisse zeigt.

3.5.5 Nahlinse

Soll über die Naheinstellgrenze der Kamera hinaus noch Kleineres formatfüllend fotografiert werden, so ist die preiswerteste Lösung eine Nahlinse. Diese Vorsatzlinsen, auch Menisken genannt, verkürzen die Brennweite des jeweiligen Objektivs und sind Brillengläsern vergleichbar. Ihre Brechkraft wird gleichfalls in Dioptrien gemessen und angegeben.

Da die Brennweite eines Objektivs durch die Vorsatzlinse verkürzt wird, der Kameraauszug aber gleich bleibt, stellt sich die Situation auf der Filmebene nun so dar, als sei das Objektiv bereits um einen gewissen Weg ausgezogen worden – man kann näher an das Motiv herangehen. Kürzere Aufnahmeentfernungen und somit größere Abbildungsmaßstäbe sind erzielbar. Diese Vorsatzlinsen werden in Dioptrien von +1 bis +5 angeboten und man schraubt sie in das Filtergewinde am Objektiv.

Generell ist bei der Verwendung von Nahlinsen der verbesserten Abbildungsqualität wegen ein Abblenden um etwa zwei Stufen anzuraten. Das wird im Nahbereich aber in aller Regel sowieso nötig sein, um die Schärfentiefe zu vergrößern, die mit zunehmendem Abbildungsmaßstab rapide abnimmt. Wegen der geringen Schärfentiefe kann es vorteilhafter sein, das Motiv etwas freizügiger in das Filmformat zu stellen und dafür eine größere Gesamtschärfe zu erhalten.

Der große Vorteil von Nahlinsen ist, dass keinerlei Verlängerungsfaktoren berücksichtigt werden müssen und dass sich mit dem Teleobjektiv und der Nahlinse ganz erstaunliche Vergrößerungsfaktoren realisieren lassen (siehe Anhang Formeln).

Wesentlich bessere Abbildungseigenschaften als Einzellinsen zeigen die aus zwei verkitteten Linsen aufgebauten Achromate. Mit solchen Achromaten lassen sich bei Objektiven, die auf unendlich korrigiert sind, bessere Ergebnisse erzielen, als mit einer Vergrößerung der Bildweite über Zwischenring oder Balgengerät.

Achromate werden in einigen (wenigen) Durchmessern von Leica, Minolta und Nikon angeboten.

3.6 Maßnahmen gegen Abbildungsfehler

Lichtstrahlen irren auf ihrem Weg durch Linsen von der idealen Linienoptik ab. Es entstehen Abbildungsfehler, die nie völlig auskorrigiert werden können, deshalb ist ein Objektiv immer nur für einen bestimmten Anwendungsbereich optimal korrigiert. Allerdings klingen die im Folgenden formulierten Abbildungsfehler viel dramatischer, als sie sich dann in der bildmäßigen Fotografie auswirken.

Zudem ist die Korrektur von Objektiven heute sehr weit fortgeschritten. Durch die Kombination verschiedener Linsenformen – darunter auch Asphären – und unterschiedlicher Glassorten – darunter auch besonders niedrig brechende Gläser – gelingt es, Abbildungsfehler sehr gut zu korrigieren.

Die Qualität eines Objektivs hängt neben der guten rechnerischen Korrektur der Abbildungsfehler während der Konstruktion auch von einer sorgfältigen Fertigung des einzelnen Stücks ab. Nur dann können die konstruktiven Daten auch in der Serie mit geringster Streuung eingehalten und „Ausreißer" vermieden werden. Hier ist unter anderem das genaue Schleifen und die genaue Zentrierung der Linsen wichtig.

Preisunterschiede gleichartiger Objektive lassen sich im Wesentlichen durch die unterschiedliche Genauigkeit in der Serienfertigung und den Aufwand bei der Nachkontrolle erklären. Eine Rolle bei der Preiskalkulation spielt aber auch die produzierte Stückzahl.

Dabei gilt auch hier – wie so oft in der Fotografie – dass es durchaus interessant ist, um die technische Zusammenhänge zu wissen. Die aber erweisen sich in der Praxis dann nicht selten als kontraproduktiv oder irrelevant.

Der gute Fotograf zieht seine Schlüsse daraus: Gezielter Einsatz der Technik (und Umgehung Ihrer Beschränkungen) da, wo es möglich und sinnvoll scheint. Grundsätzlich aber steht immer das Motiv im Vordergrund. Das tolle Motiv, mit der Billigstkamera oder mit völlig „falschen" Einstellungen gestaltet aufgenommen, vermag in jedem Fall zu begeistern. Das langweilige Motiv wird durch die beste Technik nicht ein Jota spannender.

3.6.1 Abblenden

Die einfachste Maßnahme gegen Abbildungsfehler jeglicher Art liegt in einer Verkleinerung der Blendenöffnung. Preiswerte Objektive beispielsweise haben eine vergleichsweise geringe Lichtstärke (= kleine Blendenöffnung) und dadurch wirken sich Abbildungsfehler weniger aus. So kann auch eine sehr kostenbewusste Objektivkonstruktion noch zufrieden stellende Fotos liefern.

Dieselbe Maßnahme steht natürlich auch dem Fotografen offen: Durch mäßiges Abblenden kann die Abbildungsleistung eines jeden Objektivs gesteigert werden, weil dadurch die kritischen Randstrahlen beschnitten werden.

So kann die Abbildungsleistung eines mittelmäßigen Objektivs deutlich gesteigert werden. Bei hervorragenden Objektiven ist der Qualitätszugewinn nicht so groß, aber gleichfalls gegeben.

Die beste Leistung zeigt ein Objektiv bei einer Abblendung um etwa zwei Blendenstufen, zu starkes Abblenden führt zur Minderung der Abbildungsqualität durch Beugung der Lichtstrahlen an den Blendenlamellen.

Als Faustregel kann gelten, dass eine Blendeneinstellung auf 5,6 bis 8 die optimale technische Qualität des Objektivs ergibt.

Dabei ist aber zu bedenken, dass mit dem Schließen der Blende sowohl die Belichtung (zusammen mit der Verschlusszeit) gesteuert, als auch gleichzeitig die Schärfentiefe im Foto festgelegt wird. Dem gezielten Abblenden zur „Objektivverbesserung" stehen also des Öfteren andere fotografische Intentionen entgegen.

3.6.2 Mehrschichtvergütung

Bei der Mehrschichtvergütung werden im Vakuum Metallflouride in mehreren dünnen Schichten aufgedampft, die die Reflexion der verschiedenen Wellenlängen des Lichts an Glas-Luft-Grenzflächen drastisch reduzieren. Die Kontrastwiedergabe und Brillanz des Objektivs wird verbessert.

Gleichzeitig strebt jeder Hersteller durch die geeignete Wahl der Vergütungsschichten an, alle Objektive mit der gleichen Farbcharakteristik auszustatten.

3.6.3 Achromat

Die chromatische Aberration bezeichnet einen Abbildungsfehler, bei dem unterschiedliche Lichtfarben im Glas auch unterschiedlich gebrochen werden, mit dem Effekt, dass der Brennpunkt für blaues Licht um Winzigkeiten vor, der für rotes Licht ein Weniges hinter der eigentlichen Bildebene liegt – mit negativen Auswirkungen auf die Bildschärfe. Im Resultat sind die Fotos unscharf und zeigen Farbsäume.

Durch geeignete Glassorten wie Flint- und Kronglas gelingt die Korrektur für zwei oder drei Wellenlängen, doch zwischen den ausgewählten Wellenlängen verbleibt ein so genanntes sekundäres Spektrum, in dem die Brennpunktdifferenzen wieder auftreten. Das Licht trifft nicht exakt im errechneten Brennpunkt ein, was zu Unschärfen führen kann. Dieser Abbildungsfehler kann aber durch weise Beschränkung der Lichtstärke deutlich gemildert werden.

Normale – achromatisch – korrigierte Objektive sind für die Wellenlängen 400 nm (Nanometer) und 600 nm gut korrigiert (siehe folgende Grafik unter 3.6.4), dazwischen jedoch findet sich ein sekundäres Spektrum. Das ist besonders bei Teleobjektiven kritisch, die deshalb auch meist geringere Lichtstärken aufweisen, da in dem Fall auch die achromatische Korrektur völlig ausreichend ist.

3.6.4 Apochromat

Objektive, bei denen die chromatische Aberration für drei Wellenlängen des sichtbaren Lichts korrigiert wurde, werden als Apochromat bezeichnet. Super-Achromate sind über das sichtbare Spektrum hinaus auch für das nahe Infrarot korrigiert.

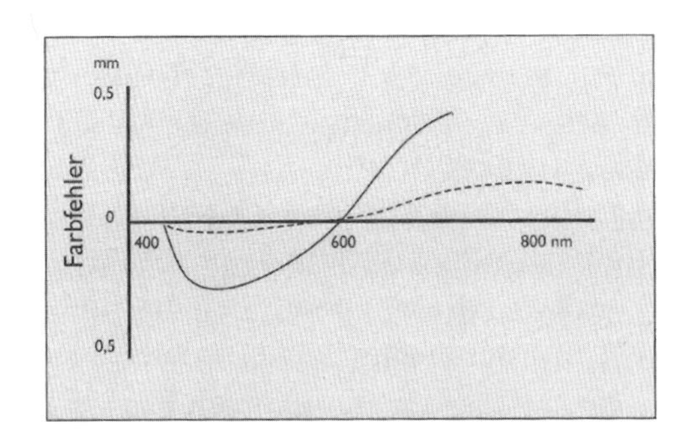

Achromatische und apochromatische Korrektur

Speziell bei Teleobjektiven hoher Lichtstärke werden mit besonderen Glassorten anomaler Dispersion (= niedriger Farbstreuung) die Brennpunktdifferenzen für den sichtbaren Wellenbereich des Lichts ausgeschlossen. Im Ergebnis erhält man größere Schärfe und höhere Farbsättigung.

Apo-Telyt 4/280 mm
Foto: Leica

Diese Gläser werden mitunter mit dem Attribut „AD“ oder „LD“ beworben. „AD“ steht für anomale Dispersion. „LD“ steht für „low dispersion“ und meint dasselbe.

3.6.5 Asphären

Die sphärische Aberration (Öffnungsfehler) resultiert aus der Tatsache, dass Lichtstrahlen am Linsenrand stärker gebrochen werden als nahe der optischen Achse. Das scharfe Kernbild wird von einem unscharfen Bild überlagert.

Bei herkömmlichen Objektiven wird dieser Abbildungsfehler durch eine geeignete Kombination von streuenden und sammelnden Linsengliedern weitgehend korrigiert; zudem wirkt sich Abblenden günstig auf die Abbildungsqualität aus, da dann weniger Randstrahlen erfasst werden.

Durch asphärische Linsen (deren Oberfläche keinen Kugelausschnitt beschreibt) kann dieser Abbildungsfehler noch besser korrigiert werden. Sie weisen im Gegensatz zu herkömmlichen Linsen, deren Querschnitt immer einem Kreissegment entspricht, mehrere Krümmungsradien auf. Besonders die sphärische Aberration kann so deutlich gemindert werden.

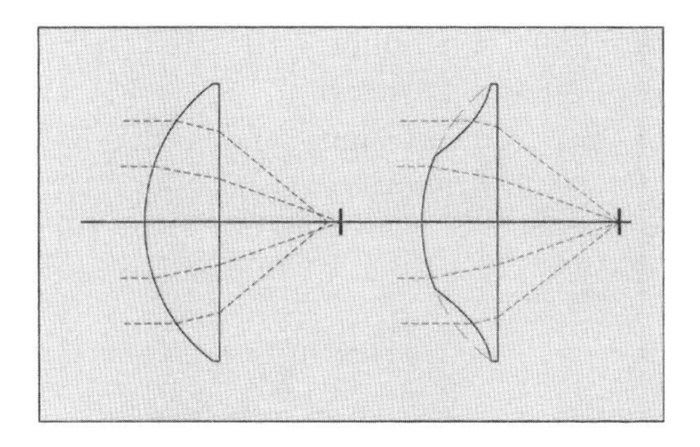

Sphärische und asphärische Linsenoberfläche

Denn Asphären können so gerechnet werden, dass sich gleiche Brennpunkte für die ganze Linsenoberfläche ergeben. Das wirkt sich unter anderem bei der Konstruktion von Zoomobjektiven günstig aus, denn die Aberration kann über den gesamten Brennweitenbereich sehr gut korrigiert werden.

Während Asphären anfangs nur teuren Spezialobjektiven vorbehalten waren, haben die Hersteller die industrielle Herstellung heute mittlerweile so gut im Griff, dass viele Zoomobjektive mit Asphären angeboten werden.

Auch sehr lichtstarke Objektive mit höchster Abbildungsqualität bei Offenblende lassen sich mit Asphären realisieren. Nicht zuletzt schließlich können die Objektive leichter und kompakter werden, da nicht mehrere Linsen für die Korrektur notwendig sind. Bei gleich bleibender oder sogar ansteigender Abbildungsgüte werden Objektive leichter und lichtstärker.

Bei Weichzeichnerobjektiven hingegen wird die sphärische Aberration ganz bewusst unterkorrigiert.

Kapitel 4

Belichtungsfunktionen

4.1 Belichtungssteuerung

Moderne Kameras sind mit vielen ausgeklügelten Belichtungsautomatiken wie Blenden- oder Programmautomatik ausgestattet und machen ohne jedes weitere Zutun des Anwenders fast immer technisch perfekt belichtete Fotos. Das ist bequem und funktioniert sehr zuverlässig, erscheint dem Benutzer aber mitunter als kompliziert und undurchsichtig.

Doch jede Belichtungsautomatik lässt sich auf einige wenige Grundtechniken zurückführen. Für das richtig belichtete Foto müssen lediglich zwei Einstellungen stimmen:

- Die Blende; sie steuert die Menge des Lichteinfalls.
- Die Verschlusszeit; sie steuert die Dauer des Lichteinfalls.

Sind diese beiden Werte richtig eingestellt, wird das Foto richtig belichtet. So einfach ist das tatsächlich. Die Kamera bietet dem Fotografen lediglich weitere Hilfen an, um die Helligkeit zu bestimmen (Belichtungsmessung) und dann die beiden Werte Blende und Verschlusszeit festzulegen und einzustellen (manuelle und automatische Belichtungsprogramme).

Die Belichtungssteuerung lässt sich mithin in folgende einfache Schritte aufteilen:

1. Eine Belichtungsmessung bestimmt die Helligkeit des Motivs. Aufgrund dieser Messung wird festgelegt, wie viel Licht bei der gegebenen Empfindlichkeitseinstellung auf den Bildwandler fallen darf, damit das Foto in der richtigen Helligkeit abgebildet wird.
2. Mit Hilfe von Blende und Verschlusszeit kann die einfallende Lichtmenge nun exakt so gesteuert werden, dass das Foto richtig belichtet wird.

Dabei kann durch eine gezielte Abstimmung der beiden Parameter die Bildwirkung gesteuert werden, die sich grundsätzlich so darstellt:

- Eine große Blendenöffnung verlangt nach einer schnelleren Verschlusszeit. Das ergibt tendenziell geringe Schärfentiefe und hohe Bewegungsschärfe. Das Motiv wird scharf, der Hintergrund unscharf abgebildet. Und aufgrund der schnellen Verschlusszeit ist das Foto nicht verwackelt und bewegte Motive verwischen nicht.
- Eine kleine Blendenöffnung verlangt nach einer langsameren Verschlusszeit. Das ergibt tendenziell große Schärfentiefe und geringe Bewegungsschärfe. Das Foto wird insgesamt (oder in großen Teilen) scharf erscheinen; aufgrund der langen Verschlusszeit allerdings ist die Gefahr von Verwacklung und Verwischung größer.

Die Belichtungseinstellung dient mithin nicht nur der Steuerung des richtigen Lichteinfalls, sondern erfüllt darüber hinaus auch gestalterische Aufgaben. Sie legt die Schärfe im Foto fest. Und zwar sowohl die Schärfentiefe wie auch die Bewegungsschärfe.

Beispielsweise kann ein Rennwagen mit entsprechend schneller Verschlusszeit selbst in voller Fahrt absolut scharf abgebildet werden. Er kann aber ebenso gut mehr oder weniger verwischt aufgenommen werden, um so seine Geschwindigkeit anzudeuten. Auch ein Weizenfeld, das sich im Wind wiegt, zeigt scharf beziehungsweise verwischt dargestellt ganz unterschiedliche Bildeindrücke.

Durch geeignete Wahl der beiden Parameter sind – bei gleicher Belichtungsintensität – also völlig unterschiedliche Bildwirkungen realisierbar. Ob das manuell oder automatisch geschieht, ist dabei erst einmal zweitrangig. Der Fotograf sollte nur in beiden Fällen darauf achten, dass die „richtigen", sprich die seiner Bildintention am besten entsprechenden, Werte eingestellt werden.

4.1.1 Blende

Die Blende steuert mittels kreisförmig angeordneter Lamellen den Lichteinfall. Sie ist im Objektiv eingebaut. Mehr dazu deshalb folgerichtig im vorangegangenen Kapitel unter Punkt *3.2.3 Blende* und folgende.

4.1.2 Verschluss

Mit Hilfe des Verschlusses – genauer: der Verschlusszeit – wird die Dauer des Lichteinfalls gesteuert. Bei digitalen Kameras kommen dafür drei Prinzipien in Frage:

- Digitaler Verschluss
- Zentralverschluss
- Schlitzverschluss

Bei der einfachsten Variante, dem digitalen Verschluss, wird einfach die Auslesezeit des Bildwandlers gesteuert. Demgegenüber sind die beiden anderen Verschlussvarianten mechanischer Art.

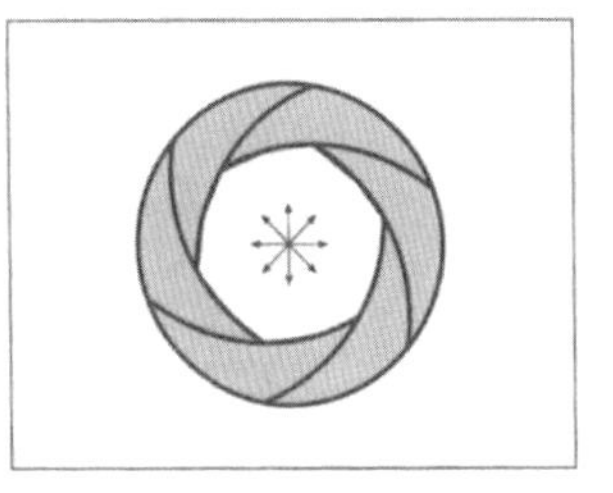

Ein Zentralverschluss findet sich in Sucherkameras, aber auch in professionellen Mittel- und Großformatsystemen. Er wird direkt ins Objektiv – zwischen die Linsenelemente – eingebaut. Zur Belichtung schwenken Lamellen für die eingestellte Belichtungszeit kreisförmig nach außen (und stellen dabei oft auch gleichzeitig die Blende ein) – somit ist bei jeder Verschlusszeit das gesamte Filmfenster frei. Deshalb ist auch mit einem Zentralverschluss prinzipiell bei allen Verschlusszeiten Blitzlichtfotografie möglich.

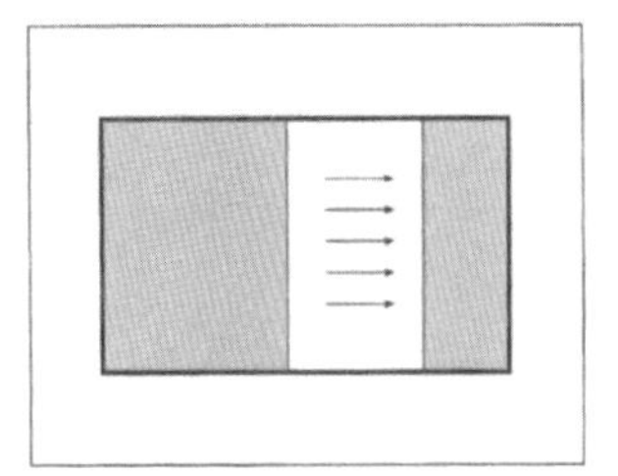

Bei einem Schlitzverschluss (wird oft in Spiegelreflexkameras benutzt) sind zwei vertikale oder horizontale Metall- bzw. Tuchvorhänge im Kameragehäuse dicht vor der Chipebene angebracht.

Die Belichtungszeit wird durch den Abstand der beiden Rollos voneinander festgelegt. Je dichter sie aufeinander folgen, desto enger ist der Schlitz, durch den belichtet werden kann – und das bedeutet schnellere Verschlusszeiten. Die kürzeste mögliche Verschlusszeit ergibt sich aus der Geschwindigkeit der Rollos bei engstem Spalt. Läuft der zweite Vorhang verzögert ab, dann wird der Spalt breiter und die Belichtungszeit nimmt zu.

Bei Schlitzverschlüssen gibt es immer auch eine „Synchronzeit", die in der Regel rot auf Verschlusszeitenskala markiert ist – das ist die Zeitspanne, bei der noch das gesamte Bildfenster freigegeben ist. Wird bei schnelleren Zeiten geblitzt, so wird aufgrund des zu schmalen Schlitzes nur ein Teil des Bildfeldes vom Blitz belichtet. Bei modernen Kameras wird deshalb bei den schnelleren Zeiten der Blitzkontakt abgeschaltet.

Etliche Markenkameras erlauben mittlerweile auch das Blitzen bei jeder Verschlusszeit. Voraussetzung ist ein Systemblitzgerät, das eine ausreichend lange Abrennzeit realisiert, damit während des gesamten Verschlussablaufs trotz schmalen Schlitzes das komplette Bildfenster belichtet werden kann.

4.1.3 Sucherinformationen

Bessere Kameras zeigen die jeweils gewählte Verschlusszeit und Blende im Sucher respektive auf dem Display an und diese Informationen sind nützlich, empfiehlt es sich doch, vor jeder neuen Motiv- und Lichtsituation einen Blick darauf zu werfen. Mit etwas Erfahrung wird so gleich deutlich, ob die Verschlusszeit in die Nähe des verwacklungskritischen Bereichs kommt und ob die Blende für die Schärfentiefe ausreicht.

Die „richtigen" Werte beruhen vor allem auf eigener Anschauung und Erfahrung. Für den Beginn folgende Anhaltspunkte: Verschlusszeiten von 1/30 s und länger sind auf jeden Fall verwacklungskritisch. Blendenwerte um 2,8 oder besser (2,0) ergeben minimale Schärfentiefe, ab etwa Blende 5,6 ist zumindest im Weitwinkelbereich die Schärfentiefe schon sehr groß.

Der Sucher der Kamera hält außerdem weitere Informationen wie Autofokuszielfelder, Belichtungsmessbereich, Belichtungsprogramm, Batterieladezustand usw. bereit.

Praktisch ist es, wenn die Sucheranzeige umgeschaltet werden kann: Volle Informationen, keine Informationen, Gitterraster, … So kann je nach Aufnahmesituation gewählt werden, was bei der Bildkomposition hilft respektive wenig ablenkt.

4.2 Belichtungsmessung

4.2.1 Eichung des Belichtungsmessers

Bei der Belichtungsmessung muss man sich darüber im Klaren sein, dass der Belichtungsmesser ein technisches Gerät ist. Geeicht zwar, aber nicht in der Lage zu Interpretationen.

Jeder Belichtungsmesser ist auf ein mittleres Grau geeicht, das einer Reflexion von 18% entspricht. Dieser Wert entspringt der Annahme, dass der normale Motivkontrast bei 1:32 liegt, was für die meisten Motive auch zutrifft. Errechnet man den Mittelwert daraus, so ergibt sich das Neutralgrau zu einer Dichte von 0,75 bzw. einer Reflexion von 18% (exakt 17,68%).

Die Messcharakteristik spielt dabei zunächst einmal keine Rolle. Ob Integral- oder Spotmessung – Grundannahme für die Eichung des Belichtungsmessers ist immer, dass das Messfeld in der Summe ein mittleres Grau ergibt. Die eingesetzte Messcharakteristik gewichtet diesen Wert lediglich unterschiedlich, um die Belichtung noch zuverlässiger zu machen (siehe 4.3).

4.2.2 Objektmessung

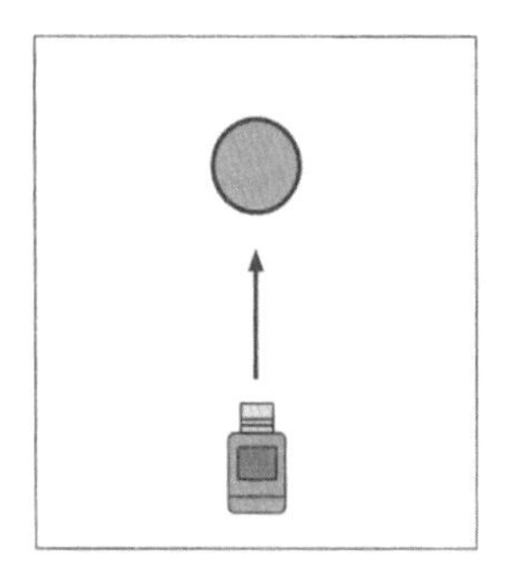

Bei einer Objektmessung wird das vom Motiv reflektierte Licht gemessen. Der Belichtungsmesser wird dazu aus Richtung der Kamera auf das Motiv gerichtet und der Reflexionsanteil des Lichts (am Motiv) wird bestimmt. Nach diesem Prinzip arbeiten alle Belichtungsmesser, die in die Kamera eingebaut sind.

Da die Intensität des reflektierten Lichts stark von Farbe und Reflexionseigenschaften des Motivs abhängig ist, zeigt diese Messmethode nur bei einigermaßen ausgewogenen Motiven zuverlässige Werte an.

Durch unterschiedliche Gewichtung und Interpretation des Messfeldes allerdings sind moderne Messmethoden – insbesondere die Mehrfeldmessung – in der Lage, auch bei schwierigen Motiven (sehr hell, sehr dunkel, hoher Kontrast,...) überraschend zuverlässige Messwerte zu bestimmen.

4.2.3 Lichtmessung

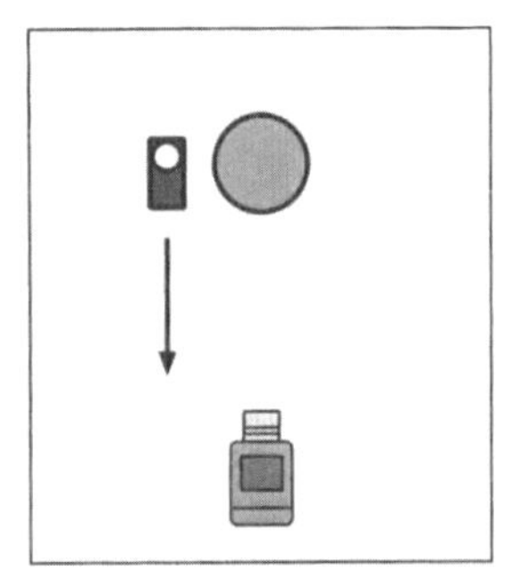

Während die Objektmessung aus Aufnahmerichtung zum Motiv hin erfolgt, geht die Lichtmessung den umgekehrten Weg. Die Messung erfolgt direkt am Motiv, wobei die Messzelle auf die Lichtquelle gerichtet ist. Damit wird nicht mehr die Reflexion gemessen, sondern das einfallende Licht – die tatsächlichen Beleuchtungsverhältnisse also. Da die Reflexionseigenschaften keine Rolle spielen, sondern die absolute Lichtstärke bestimmt wird, sind die Ergebnisse sehr zuverlässig.

Foto: Minolta

Voraussetzung ist allerdings ein Handbelichtungsmesser mit Kalotte. Dabei wird der Messzelle eine Diffusorscheibe vorgeschaltet, die das einfallende Licht im Bereich von rund 180° auffängt.

Aufgrund der Notwendigkeit, direkt am Motiv oder einem gleichermaßen beleuchteten Ersatzpunkt zu messen, kommt diese Methode vor allem im Studio oder bei Freilichtporträts in Frage. In Fällen also, wenn sich das Motiv in erreichbarer Nähe befindet.

Es ist mit dieser Methode aber nicht möglich, einzelne Motivdetails auszumessen, um den Lichtkontrast festzustellen.

Aus dem Grund benutzen etliche Fotografen die so genannte Graukarte, wenn sie besonders genaue und verlässliche Belichtungsergebnisse anstreben.

4.2.4 Graukarte

In den meisten Fällen wird mit dem Belichtungsmesser nach dem Prinzip der Objektmessung das reflektierte Licht gemessen, jener Anteil des Lichtes also, der vom Motiv zurückgeworfen wird.

Es ist offensichtlich, dass eine weiße Fläche deutlich mehr Licht reflektiert als eine schwarze – der Belichtungsmesser misst unterschiedliche Werte. Auch wenn dieselbe Lichtmenge auftrifft, die Beleuchtungsverhältnisse also exakt gleich sind, kann der Belichtungsmesser nur die – unterschiedlich starke – Reflexion messen und wird deshalb unterschiedliche Werte bei unterschiedlichen Farben anzeigen.

Eine Graukarte kann im Studio, aber auch draußen vor Ort, zu verlässlichen Messwerten verhelfen. Mit einer Ersatzmessung auf die Graukarte findet der Belichtungsmesser exakt die Remissionsverhältnisse vor, auf die er geeicht ist, und die Messwerte stimmen.

Bei längerem Nichtgebrauch sollten Grau- und Farbkarten nicht in der prallen Sonne liegen bleiben, sondern lichtgeschützt aufbewahrt werden.

4.3 Messcharakteristiken

Es hat sich gezeigt, dass bei der Objektmessung die ungewichtete Messung des kompletten Bildfeldes unpraktisch ist, da sie häufig fehlerhafte Belichtungsergebnisse zeigt. Alle modernen Messcharakteristiken, die mit einer Objektmessung arbeiten (also alle in der Kamera eingebauten Belichtungsmesser), versuchen deshalb auf die ein oder andere Weise, den Schwerpunkt der Belichtung auf das Hauptmotiv zu legen.

4.3.1 Integralmessung

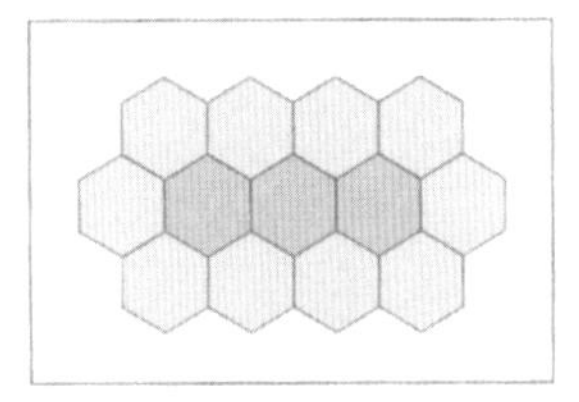

Bei der Integralmessung wird das gesamte Bildfeld gemessen und ein Mittelwert bestimmt. Da die meisten Motive sowohl aus helleren wie aus dunkleren Flächen bestehen, addieren sich in der Theorie helle und dunkle Teile zu einem Messwert, der in etwa dem Eichwert entspricht. Um das Hauptmotiv möglichst sicher zu erfassen, fließt in aller Regel die Bildmitte stärker in das Messergebnis ein; es ergibt sich die „mittenbetonte Integralmessung".

Bei dieser ansonsten zuverlässigen Messmethode ist Vorsicht geboten, wenn ein Motiv sehr viel helle oder dunkle Bildanteile hat. Eine Landschaftsaufnahme mit viel Himmel im Bildfeld wird zu dunkel ausfallen, weil der Himmel stark ins Messergebnis einfließt.

Am einfachsten kann man sich in solchen Fällen mit dem Messwertspeicher helfen: Die Kamera wird leicht gegen den Boden geneigt, der erhaltene Messwert wird fixiert und erst dann wird die Aufnahme wie geplant gemacht.

Die Gegenlichtaufnahme ist ein klassisches Beispiel für die Grenzen der Integralmessung. Das beschattete Motiv und der gleißende Hintergrund werden zu einem Mittelwert berechnet, der irgendwo zwischen beiden extremen Helligkeitswerten liegt. Im ungünstigsten Fall liegen beide Extremwerte – Schatten und Lichter – bereits außerhalb des Belichtungsspielraums. Mit dem Ergebnis, dass vom Motiv praktisch überhaupt keine Zeichnung mehr zu finden ist.

Dem kann abgeholfen werden, wenn das bildwichtige Motivdetail mittels Spot- oder Nahmessung angemessen wird.

Oder man fügt Licht hinzu, um die Kontraste zu senken: der Aufhellblitz gleicht die starken Hell-Dunkel-Kontraste aus.

Bei durchschnittlichen Motiven ohne ausgesprochenen Hell- oder Dunkelüberhang funktioniert die Integralmessung aber sehr zuverlässig. Sie erscheint jedoch heutzutage ein wenig als Anachronismus, als überholt und überflüssig: Wenn eine schnelle Belichtungsmessung ohne großes Nachdenken gefragt ist, ist die Mehrfeldmessung zuverlässiger und genauer. Für das gezielte Messen und Belichten andererseits ist eine Spotmessung besser geeignet, zeigt sie doch genauer definierte Belichtungswerte.

Die Integralmessung empfiehlt sich – statt der Mehrfeldmessung – vor allem in Situationen, in denen keine Zeit bleibt, sich um die Belichtung und die Wahl der Messstelle große Gedanken zu machen, der Fotograf aber lieber mit einer herkömmlichen, überschaubaren Automatik arbeitet, die er notfalls gezielt korrigieren kann, da im Gegensatz zu einer Mehrfeldmessung genauer nachzuverfolgen ist, wie die Werte entstanden sind.

4.3.2 Spotmessung

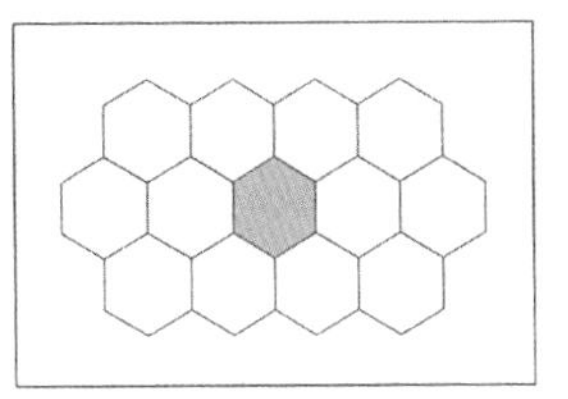

Bei der Spotmessung ist das Messfeld mit ca. 1–3 % des Bildfeldes deutlich begrenzt; ein Kreis in Suchermitte bezeichnet diese Messstelle. Mit einer Spotmessung kann jenes Motivdetail exakt angemessen werden, das im späteren Foto mit einer Dichte von 0,70 (mittlere Helligkeit) wiedergegeben werden soll. Da bei der Spotmessung die Messstelle exakt festgelegt ist, kann auch die Belichtung sehr genau erfolgen; die Messung verspricht aber nur dann Erfolg, wenn die Messstelle richtig ausgewählt wird.

Es ist wichtig, sich zu vergegenwärtigen, dass bei einer Spotmessung die Wahl der Messstelle unmittelbar über das Belichtungsergebnis entscheidet. Hier liegt der Messbereich exakt fest und wird – anders als bei Wabenfeld- und Integralmessung – in keiner Weise korrigiert. Interessant ist das, weil diese Messstelle genau definiert ist und man – gegebenenfalls mit einer entsprechenden Korrektur – jede beliebige Messstelle heranziehen kann, um zu einem perfekten Belichtungsergebnis zu gelangen.

Ein Beispiel soll das deutlich machen: Das Fotografieren bei einer Opernaufführung steht an, wobei sich aufgrund der hohen Lichtkontraste durch die starken Spotscheinwerfer keine vernünftigen Anhaltspunkte für eine normale Belichtungsmessung ergeben.

Ein Großteil der Bühne ist dunkel bis schwarz, lediglich Personen und Gesichter werden vom gleißenden Scheinwerferlicht angeleuchtet. Da sie gleichzeitig das bildwichtige Detail darstellen, ist eine Spotmessung darauf genau das Richtige. Da sie andererseits aber die hellsten Stellen im Bild darstellen, würde eine unkorrigierte Spotmessung in diesem Fall zu einem zu dunklen Ergebnis führen (da der Spotmesspunkt in mittlerer Helligkeit – zum mittleren Grau – belichtet wird): der Spotmesswert will korrigiert sein.

Ausgehend von der Überlegung, dass der Bildwandler (oder auch ein späteres Papierbild) einen maximalen Belichtungsumfang von etwa fünf bis sechs Blendenstufen hat, kann man also die Belichtung um gut zwei Stufen korrigieren, ohne an Zeichnung zu verlieren. Und das bedeutet in diesem ganz speziellen Fall, dass bei Spotmessung ein Belichtungskorrekturwert von +2 EV bis +3 EV eingestellt werden kann.

Da ja auf die hellsten Details gemessen wird (der Messwert wird praktischerweise per Messwertspeicher fixiert), kann in der Summe zweierlei erreicht werden: Die Figuren und Gesichter werden hell, aber garantiert noch mit Zeichnung belichtet, und für die dunkleren Teile ist durch diese Einstellung gleichfalls maximal mögliche Zeichnung gewährleistet.

Das Beispiel zeigt ganz anschaulich, dass der jeweilige Spotmesswert interpretiert und gegebenenfalls korrigiert werden muss: Weist der Spotmesspunkt auf Motivdetails, die im Foto mit mittlerer Helligkeit wiedergegeben werden sollen, so ist keine Korrektur notwendig. Werden aber helle oder dunkle Motivdetails angemessen, die nicht in mittlerer Helligkeit wiedergegeben werden sollen, dann ist der Messwert entsprechend nach Plus oder Minus zu korrigieren.

Wenn man sich mit der Spotmessung vertraut macht, ein wenig überlegt und übt und dann mit ihr umzugehen weiß, ist sie eine ganz hervorragende und genaue Messmethode, mit der sich die Intentionen des Fotografen am gezieltesten in ein Belichtungsergebnis umwandeln lassen.

4.3.3 Selektivmessung

Bei der Selektivmessung ist das Messfeld deutlich größer als bei einer Spotmessung. Die Messung erfolgt deshalb nicht ganz so gezielt, allerdings ist auch die Wahl der Messstelle nicht so kritisch wie bei einer Spotmessung.

Ganz ähnlich der Spotmessung muss die Messstelle dennoch mit Bedacht ausgewählt werden, da nur das Bildzentrum für die Belichtungsermittlung ausgewertet wird.

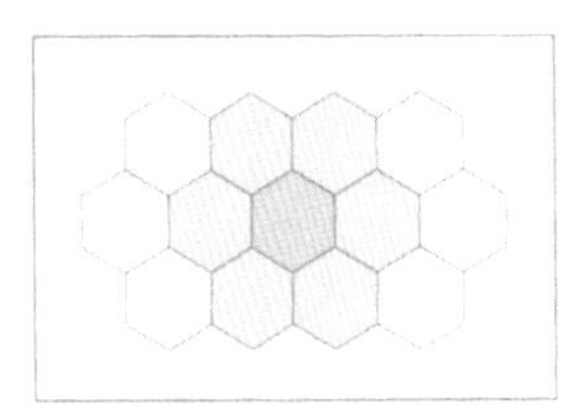

Bei außermittigen Motiven wird zunächst das bildwichtige Detail angemessen, dann wird mit Hilfe des Messwertspeichers dieser Belichtungswert fixiert und anschließend der Motivausschnitt gewählt.

4.3.4 Mehrfeldmessung

Bei einer Mehrfeldmessung ist das Bildfeld in mehrere Zonen aufgeteilt, die einzeln gemessen und unterschiedlich gewichtet werden. Die Zuverlässigkeit der Belichtung ist dabei prinzipiell höher als bei einer Integralmessung, allerdings werden die Messwerte intern gewichtet und berechnet, so dass es dem Fotografen kaum mehr möglich ist, nachzuvollziehen, wie der Messwert zustande kam und wie er eventuell zu korrigieren wäre, um ein anderes gewünschtes Ergebnis zu erhalten.

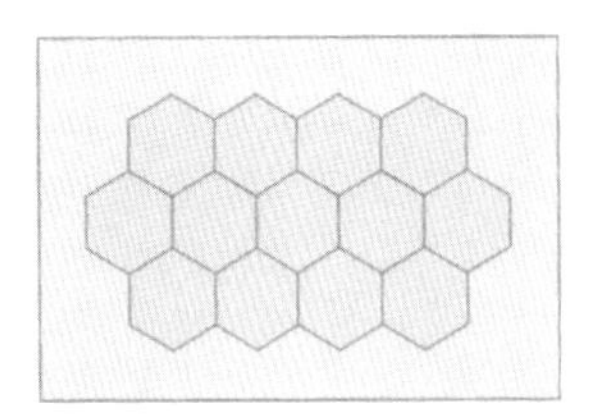

Messelement für die Mehrfeldmessung Foto: Minolta

Je nach Hersteller und Kameramodell kommen unterschiedliche Varianten zum Einsatz, die die Mehrfeldmessung in 4–30 und mehr Einzelfelder aufteilen. Doch die Messergebnisse selbst sind nur der kleinere Teil; erst die richtige Interpretation macht daraus einen möglichst universell brauchbaren Belichtungswert:

Manche Kameras benutzen Motivdatenbanken und versuchen, aus den Informationen (Helligkeit, Kontrast, Entfernung usw.) auf eine typische Situation zu schließen und die als passend festgelegte

Belichtungsgewichtung aus der Datenbank abzurufen, um die Belichtungseinstellung zu optimieren.

Andere benutzen statt dessen ein Fuzzy-Logic-System zur Belichtungsbestimmung. Dabei fließen Daten der automatischen Scharfstellung wie Objektentfernung (Abbildungsmaßstab), Objektbewegung und natürlich auch die Helligkeit des Motivs in die Bewertung ein. Die „unscharfe Logik" (= fuzzy logic) ist im Gegensatz zu einfachen Rechenverfahren in der Lage, situative Entscheidungen besser und praxisgerechter zu treffen.

Unabhängig vom Prinzip sind alle heutigen Mehrfeldmessungen sehr ausgereift und zeigen in der überwiegenden Zahl aller Aufnahmen gute bis sehr gute Belichtungsergebnisse, so dass nur selten Anlass sein wird, eine andere Messmethode zu benutzen.

Fotografen, die mit der Zeit- oder Programmautomatik gut leben können und der Kamera unbesorgt die Einstellung diverser Werte überlassen, werden sich auch mit der Mehrfeldmessung anfreunden können. Fotografen allerdings, die sämtliche Parameter lieber selber im Auge behalten und einstellen, werden damit nicht immer so recht glücklich werden.

In kritischen Lichtsituationen mit sehr hohen Kontrasten und ganz besonders dann, wenn spezielle Belichtungsergebnisse, die von der Norm abweichen, angestrebt sind, sollte man nicht auf die Mehrfeldmessung vertrauen. Der einfachste Weg zu höherer Belichtungssicherheit – respektive mehreren Belichtungsvarianten – ist in so einem Fall eine Belichtungsreihe.

Der Könner nutzt stattdessen die Selektiv- oder Spotmessung und interpretiert die gewonnenen Messwerte auf die gewünschte Weise.

4.4 Manuelle Belichtungseinstellung

Eine manuelle Belichtungseinstellung bedeutet nichts anderes, als dass der Fotograf den vom Belichtungsmesser festgestellten Wert eigenhändig – manuell – an der Kamera einstellt.

Vorteil: Die in *4.1 Belichtungssteuerung* geschilderte gezielte Wahl der Parameter Blende und Verschlusszeit liegt völlig in der Hand des Fotografen und er weiß immer ganz genau, welche Einstellungen gerade gültig sind. Nachteil: Das Verfahren ist langsamer und benötigt mehr Erfahrung als eine Belichtungsautomatik.

Die manuelle Belichtung ist bei den meisten Kameras mit einer „Nachführmessung" gekoppelt, das heißt, die von der Kamera gemessene Belichtung (jede Messmethode wie Mehrfeld, Integral, Spot ist dabei möglich) wird durch Abgleich eines Belichtungsindikators (= Skala mit Nullwert und Abweichung nach Plus und Minus) auf Nullstellung – über das Nachführen von Verschlusszeit oder Blende – eingestellt.

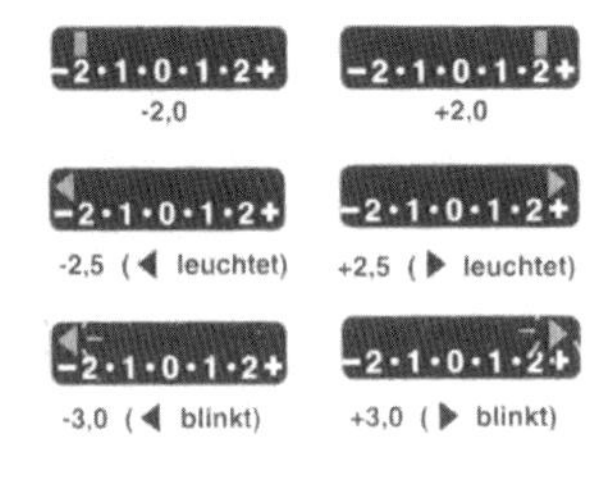

Grafik: Minolta

Bei digitalen Kameras kann „Belichtungsindikator" auch der Monitor oder elektronische Sucher sein: Die aktuellen Belichtungseinstellungen im manuellen Modus zeigen das Monitor- oder Sucherbild gleich in der aktuellen Helligkeit. Mit ein wenig Erfahrung über das Verhältnis von Kameradarstellung zu Computer- respektive Ausgabedarstellung kann die gewünschte Bildhelligkeit recht genau einjustiert werden.

Gegenüber den Belichtungsautomatiken scheint die manuelle Belichtungseinstellung ins Hintertreffen geraten zu sein. Es gibt allerdings Fotografen, die darauf schwören und filigran damit umzugehen wissen.

In der Tat hat der manuelle Modus einiges zu bieten: Der Fotograf stellt Blende und Verschlusszeit selbst ein – und behält damit die Übersicht. Anhand des Belichtungsindikators im Sucher kann (und muss) er sich einen Eindruck von den aktuellen Belichtungsverhältnissen machen, und davon, wie seine aktuelle Kameraeinstellung im Vergleich dazu liegt. Und weil der Belichtungsindikator Abweichungen gegenüber dem gemessenen Sollwert genau reflektiert, sind gezielte Belichtungsabweichungen sehr anschaulich und einfach zu realisieren.

4.5 Belichtungsautomatiken

4.5.1 Zeit- und Blendenautomatik

Bei der Zeitautomatik wird eine Blende (= Objektivöffnung) vorgewählt; die Kamera steuert dazu die passende Zeit. So besteht die Möglichkeit, die Schärfentiefe zu variieren. An der Kamera wird die Zeitautomatik meist mit einem „A" bezeichnet; abgeleitet vom englischen Begriff „Aperture Priority" (Blendenvorrang).

Zeitautomatik: Vorgabe von Schärfentiefe

So besteht die Möglichkeit, die Schärfentiefe genau festzulegen oder jene Blende einzustellen, die die beste Abbildungsleistung des Objektivs ergibt (als Faustformel geht man von zwei Stufen Abblenden gegenüber Offenblende aus). Wenn Offenblende eingestellt wird, kann man zudem sichergehen, dass immer mit schnellstmöglicher Verschlusszeit fotografiert wird.

Bei der Blendenautomatik wird eine Verschlusszeit vorgegeben, während die Kamera die Blende automatisch steuert. Auf diese Weise kann sichergestellt werden, dass die Verschlusszeit die verwacklungskritische Grenze nicht überschreitet oder dass schnell bewegte Motive noch scharf abgebildet werden. Die Blendenautomatik ist meist mit einem „S" bezeichnet; abgeleitet vom englischen Begriff „Shutter Priority" (Verschlussvorrang).

Blendenautomatik: Vorgabe von Bewegungsschärfe

Gegenüber der Programmautomatik zeigt sich demnach folgender Vorteil: Der Fotograf legt sich auf einen wichtigen Parameter fest und überlässt die Steuerung des anderen der Kamera. Da ein Wert vorgegeben und damit bekannt ist, muss nurmehr der andere Wert beobachtet werden. In der Übersicht stellt sich das so dar:

- Mit Zeit- oder Blendenautomatik können eindeutige Vorgaben gemacht werden, deshalb lassen sich fotografische Intentionen gezielter verwirklichen als im Programmbetrieb.
- Bei Zeitautomatik legt der Fotograf die Blende und damit die Schärfentiefe fest.
- Bei Blendenautomatik wird die Verschlusszeit vom Fotografen festgelegt. Er behält die Kontrolle über die Bewegungsschärfe.
- Werden Werte vorgegeben, die den Belichtungsbereich überschreiten, eine zu lange oder kurze Verschlusszeit etwa, so warnt die Kamera vor der resultierenden Fehlbelichtung (wie genau die Warnung aussieht, steht im Bedienungshandbuch).

4.5.2 Programmautomatik

Bei der Programmautomatik werden sowohl Verschlusszeit wie Blende automatisch eingestellt; bessere Automatiken berücksichtigen dabei die eingestellte Brennweite und streben zunächst eine verwacklungssichere Verschlusszeit an, bevor dann auch die Blende geschlossen wird.

Diese Vollautomatik ist nicht nur für unbedarfte Anfänger bestimmt, sondern kann auch dann beruhigen, wenn man sich in der Hektik der Ereignisse bewusst selbst der Möglichkeit berauben will, Fehler zu machen.

Es ist gewissermaßen die „Kompaktkameraeinstellung", die auch dem völlig unerfahrenen Anwender in der Mehrzahl aller Situationen gute Fotos ermöglicht. In Kombination mit der Mehrfeldmessung – die die Motivhelligkeit analysiert – kann man davon ausgehen, dass die Programmautomatik in nahezu jedem Fall befriedigende bis hervorragende Ergebnisse liefert.

Lediglich, wenn gezielte Belichtungsvarianten angestrebt sind oder Schärfentiefe oder Bewegungsschärfe gezielt gesteuert werden sollen, stößt die Programmautomatik notwendigerweise an ihre Grenzen.

4.5.3 Programmshift

Sollte die Kamera dann doch einmal die eigenen Präferenzen nicht so recht treffen, so bieten manche Kameras einen Programmshift, mit dem die Vorgaben der Kamera schnell überstimmt werden können. Er erlaubt – in der Regel per Drehrad – das einfache Verändern der von der Programmautomatik vorgegebenen Tendenz.

So ist es etwa möglich, mit einer Fingerbewegung eine schnellere Verschlusszeit anzuwählen, weil ein Sportmotiv fotografiert werden soll. Oder eine kleinere Blendenöffnung einzusteuern, um eine möglichst große Schärfentiefe zu erhalten.

Selbstverständlich führt die Kamera den anderen Wert automatisch nach – an der Belichtungsintensität ändert sich nichts.

4.5.4 Motivprogramme

Motivprogramme sind spezielle Programmautomatiken, bei denen der Fotograf seine Intentionen genauer vorgeben kann: Hier kann er im Vorfeld einstellen, welche Motive er wie fotografieren möchte. Dementsprechend setzt die Kameraautomatik von vornherein bestimmte Prioritäten wie vorzugsweise schnelle Verschlusszeiten (Sportprogramm mit dem Schwerpunkt Bewegungsschärfe) oder kleine Blendenöffnungen (Landschaftsprogramm mit dem Schwerpunkt Schärfentiefe).

Motivprogramme erlauben die schnelle Prioritätenvorgabe Foto: Leica

Hier eine Übersicht möglicher Motivprogramme:

- Sport mit dem Schwerpunkt Bewegungsschärfe, das heißt kurzen Verschlusszeiten.
- Landschaft mit dem Schwerpunkt große Schärfentiefe, das heißt kleinen Blendenöffnungen.
- Porträt mit dem Schwerpunkt geringe Schärfentiefe, das heißt großen Blendenöffnungen.
- Nahaufnahme mit den Schwerpunkten Schärfentiefe wie Bewegungsschärfe; zwei sich widersprechende Anforderungen, so dass meist mittlere Werte eingestellt werden.
- Nachtporträt zur Berücksichtigung des Umgebungslichts bei Blitzaufnahmen; wird auch als Langzeitsynchronisation bezeichnet und zeigt oft stimmungsvollere Aufnahmen als eine normale Blitzaufnahme.

4.6 Belichtungsvarianten

Keine der genannten Messmethoden und Belichtungsautomatiken kann letztlich perfekt sein. Egal, ob der Kamera nur die Belichtungsmessung (je nach Kameramodell eventuell mit der Wahlmöglichkeit unterschiedlicher Messcharakteristika) oder zusätzlich die automatische Einstellung der Belichtungswerte überlassen wird: Grundlage ist immer ein Eichwert, ein Durchschnittswert, der zwar in vielen Fällen stimmt, aber eben nicht in allen. Da ist es mitunter hilfreich, wenn das Messergebnis gezielt beeinflusst werden kann.

4.6.1 Messwertspeicher

Die meisten Kameras speichern auf leichten Auslöserdruck hin Belichtung (und Scharfeinstellung). Das ist praktisch, wenn ein (lichttechnisch) schwieriges Motiv fotografiert werden soll und die Belichtungsautomatik das nicht so recht schafft: Idealerweise wird mit Hilfe der Spotmessung oder einer Nahmessung (es geht aber auch mit den anderen Messmethoden) ein Ersatzmotiv angemessen, das genauso beleuchtet ist wie das Motiv und der Messwert wird gespeichert. Dann wird der Motivausschnitt festgelegt und die Aufnahme gemacht.

Als Ersatzmotiv eignen sich hervorragend Haut, Strasse, Laubgrün, Wiese, denn sie entsprechen ziemlich genau dem mittleren Grau, auf das der Belichtungsmesser geeicht ist.

4.6.2 Kontrastmessung

Die Kontrastmessung ist eine selektive Messung des hellsten und dunkelsten bildwichtigen Punktes, um Aufschluss über den Kontrastumfang zu erhalten. Mit ihr kann festgestellt werden, ob alle bildwichtigen Details noch Zeichnung haben.

Typischerweise kann dabei von einem Belichtungsspielraum von maximal fünf bis sechs Blendenstufen ausgegangen werden, der auf Papier darstellbar ist. Das entspricht einem Kontrastverhältnis von 1:32 bis 1:64.

Kontrastmessung auf hellste und dunkelste bildwichtige Stelle.

Ist der Kontrast höher, dann wird die Belichtung so bestimmt, dass motivabhängig die Lichter oder die Schatten bevorzugt werden; je nachdem, was wichtiger ist und noch Zeichnung haben soll.

Grundsätzlich ist eine Kontrastmessung mit jeder Kamera möglich, hilfreich ist allerdings eine Spot- oder Selektivmessung mit engem Messwinkel, da hierbei auch Kontrastmessungen aus der Ferne möglich werden.

Andernfalls kann man sich – soweit machbar – mit einer Nahmessung behelfen, bei der die hellsten und dunkelsten bildwichtigen Stellen des Motivs aus unmittelbarer Nähe angemessen werden.

Es empfiehlt sich, die Zeit– oder Blendenautomatik einstellen, damit sich nur ein Wert ändert. So kann der Kontrastumfang je nach eingestellter Automatik sofort in Zeit- oder Blendenstufen abgelesen werden. Da diese Werte korrespondieren, bedeuten sowohl eine Zeit- wie auch eine Blendendifferenz um beispielsweise drei Werte dasselbe: In diesem Fall einen Kontrast von drei Stufen, was einem Kontrastverhältnis von 1:8 entspricht.

4.6.3 Belichtungskorrektur

Mit Hilfe der Belichtungskorrektur kann die Belichtung im Bereich von typischerweise +3 bis –3 Lichtwerten auf 0,5 oder 0,3 Lichtwerte genau angepasst werden. Erfolgt die Korrektur in Richtung Minus, so bedeutet das weniger Lichtmenge; es wird knapper belichtet. Umgekehrt wird bei einer Einstellung in Richtung Plus reichlicher belichtet.

Diese Korrekturmöglichkeit kann genutzt werden, um Fotos gezielt besser als die Automatik zu belichten oder um spezielle High- bzw. Low-Key-Effekte zu erzielen.

Ein praktisches Beispiel, wann die Belichtungskorrektur sinnvoll sein kann, ist bereits im Abschnitt *4.3.2 Spotmessung* geschildert worden.

4.6.4 Belichtungsreihe

Die Belichtungsreihenautomatik ermöglicht Belichtungsvariationen: Zusätzlich zum gemessenen Belichtungswert werden automatisch mehrere Fotos mit Belichtungsabstufungen nach Plus und Minus gemacht. Dabei kann zum Teil sowohl die Anzahl der Varianten wie auch die Schrittweite der Belichtungsabweichung vorher festgelegt werden. Die genaue Anzahl und Abstufung ist vom Kameramodell abhängig.

Schon die Differenz von einer halben Blende kann den Unterschied zwischen perfekt belichtet und noch ganz akzeptabel ausmachen. Und bei diffizilen Farbmotiven mit Pastellfarben kann so eine Belichtungsreihe helfen, um genau jenes „duftige" Ergebnis mit nach Hause zu bringen, das perfekt ist.

Je nach eingestellter Belichtungsautomatik werden unterschiedliche Werte bei einer Belichtungsreihe verstellt:

- Bei Zeitautomatik wird die Verschlusszeit verstellt.
- Bei Blendenautomatik wird die Blende verstellt.
- Bei Programmautomatik können sich sowohl Blende wie Verschlusszeit ändern.

Einige digitale Kameras können nicht nur Belichtungsvarianten machen, sondern auch Farbe oder Kontrast von Aufnahme zu Aufnahme ändern.

Das ist allerdings nur für die interessant, die Bilder direkt ausdrucken möchten. Ansonsten gilt auch hier, dass das kontrollierte Verbessern und Verfremden in der Bildbearbeitung immer besser ist als eine unbekannte und nicht steuerbare Manipulation bei der Digitalisierung.

Kapitel 5

Ausstattung

5.1 Gehäuseform und Ergonomie

Angesichts der vielen – wiewohl sicherlich nicht unwichtigen – technischen Details, die es zu prüfen gilt, läuft man Gefahr, ein nicht unwesentliches Ausstattungsmerkmal zu vernachlässigen: Die Gehäuseform und das Bedienkonzept.

Was im Prospekt nicht erfassbar ist und auch beim kurzen Ausprobieren beim Fotohändler nicht weiter stört, kann sich später als echter Hemmschuh erweisen.

Wenn die Bedienung unlogisch oder kompliziert wirkt, läuft man Gefahr, in der täglichen Praxis viele der tollen Funktionen gar nicht zu nutzen, weil man sie entweder nicht mehr findet oder aber die Einstellung zu schwierig scheint. Kurz, all die interessanten Ausstattungsmerkmale aus dem Prospekt machen erst dann wirklich Sinn, wenn sie auch fürs Fotografieren genutzt werden (können).

Grob gesagt ist es so: Je komplizierter eine Kamera auf den ersten Blick scheint, desto einfacher ist sie später zu bedienen – und umgekehrt.

Handgreifliche Kamera
Foto: Sony

Eine Kamera mit diversen Rädern und Hebeln wirkt erst einmal unübersichtlich und mag abschrecken. Hat man sich aber erst einmal anhand der Bedienungsanleitung mit den Funktionen vertraut gemacht, so erschließt sich der Sinn eines jeden Elementes. Der große Vorteil: Die bloße Ansicht der Kamera erschließt all ihre Funktionen.

Im Gegensatz zu dieser „analogen" Bedienung steht das „digitale" Konzept. Die Kamera wirkt sehr aufgeräumt und einfach. Wenn aber besondere Funktionen abgerufen werden sollen, gilt es, sich mit einer Taste durch viele Menüs zu hangeln. In der Praxis dauert das länger und erscheint umständlicher.

Viel Leistung, wenige Bedienelemente Foto: Nikon

Vergleichbares gilt auch für die Brennweiteneinstellung am Zoomobjektiv: Motorisch erscheint es bequem; oft allerdings zeigt sich in der Praxis, dass die Brennweitenwahl nur langsam und ungenau funktioniert. Kleine Brennweitenvariationen sind nur bei einer selten zu findenden hervorragenden Motoransteuerung möglich, sonst schießt man immer deutlich übers Ziel hinaus.

Auch hier ist der manuelle Zoomring letztlich im Vorteil: Die Brennweitenanpassung funktioniert sehr schnell und exakt, denn sie ist nur von den eigenen motorischen Fähigkeiten abhängig. Und die sind in Jahrtausenden perfektioniert worden.

Letztlich ist auch die Gehäuseform von einiger Bedeutung. Eine kleine Scheckkarten-Kamera für die Hemdentasche lässt sich viel bequemer einpacken und transportieren als die ausgewachsene Spiegelreflex. Die wiederum bietet mehr fotografische Möglichkeiten, die sich aber nur dann gut erschließen, wenn das Gehäuse funktionell gestaltet ist.

Das Angebot ist sehr groß, und vielfältig dazu, so dass jeder die ihm genehme Kamera finden kann. Von billig bis teuer, von spartanisch bis überreich ausgestattet.

Klassische Eleganz
Foto: Leica

Natürlich richten sich die jeweiligen Konzepte an unterschiedliche Zielgruppen mit völlig anderen Ansprüchen und scheinen deshalb nicht vergleichbar. Doch sowohl für die Größe wie auch für die Gehäuseform einer Kamera gilt schlicht und ergreifend: Sie muss einem liegen.

Die Erfahrung zeigt nämlich, dass dies letztlich noch vor der technischen Ausstattung jene Eigenschaft sein wird, die darüber entscheidet, ob gern und gekonnt mit einer Kamera fotografiert wird.

5.2 Autofokus

Die automatische Scharfeinstellung, Autofokus genannt, zählt bei digitalen Kameras seit Anbeginn zur Standardausstattung. Im Wesentlichen muss der Autofokus nur zwei Dinge beherrschen: Schnell und genau auf das bildwichtige Detail scharfzustellen.

Dabei haben die verschiedenen Technologien jeweils unterschiedliche Vor- wie Nachteile und halten auch so manche Tücke bereit.

5.2.1 Aktiver Autofokus

Vor allem bei Sucherkameras wird der so genannte aktive Autofokus benutzt, bei dem eine Laserdiode einen (infraroten) Lichtstrahl auf das Motiv projiziert. Das ausgesandte Signal wird vom Motiv reflektiert und wieder von der Kamera aufgefangen. Ein Sensor ermittelt nun die Lage dieses Lichtpunktes im Bild und daraus kann die Entfernung errechnet werden.

Bei einem anderen Verfahren, das vor allem Polaroid nutzt, wird die Objektweite durch Ultraschallimpulse ausgelotet: Die Distanz wird aus dem Laufzeitintervall errechnet.

Der aktive Autofokus kann nur innerhalb seiner begrenzten Reichweite präzise scharfstellen. Da er sich aber vorwiegend in Sucherkameras mit kurzen Brennweiten und geringer Lichtstärke findet, deren Schärfentiefe prinzipiell sehr groß ist, spielt das in der Praxis keine Rolle. Das Motiv wird sowohl bei einer Entfernungseinstellung auf 10 Meter wie bei Unendlichstellung gleichermaßen scharf abgebildet.

So sind auch Prospektangaben wie „aktiver Autofokus von 70 cm bis Unendlich“ zu verstehen: Das bedeutet nicht etwa, dass der Autofokus kontinuierlich bis ins Unendliche funktioniert, sondern es bedeutet, dass er ausreichend weit reicht. Im Foto ist schlicht kein Unterschied zwischen – beispielsweise – noch gemessenen 8 Metern Aufnahmeentfernung und den nicht mehr messbaren 20 Metern feststellbar.

Aufgrund seines Funktionsprinzips stellt diese Autofokusvariante auch auf Durchsichtiges scharf, so dass Fotos, durch Fensterscheiben aufgenommen, unweigerlich unscharf werden. Ansonsten funktioniert dieses Prinzip sehr zuverlässig, da die Scharfstellung „aktiv" erfolgt und nicht von Motivgegebenheiten wie Helligkeit und Kontrast abhängig ist.

5.2.2 Passiver Autofokus

Bessere Autofokuskameras, insbesondere Spiegelreflexkameras, arbeiten in aller Regel mit dem so genannten passiven Autofokus, dem auch als Phasenvergleich bekannten Verfahren, bei dem zwei Teilbilder auf einem Sensor aufgefangen und auf Übereinstimmung mit einem Referenzsignal hin untersucht werden (Zweibildauswertung). Aus der Differenz berechnet ein Mikrocomputer die notwendige Verstellrichtung und den Weg. Der Autofokus misst dabei direkt durch das Objektiv.

Neuere Autofokussysteme verfügen darüber hinaus über die Fähigkeit, die Richtung bewegter Motive zu erkennen und vorzufokussieren. So hinkt der Autofokus der Bewegung nicht hinterher, sondern findet auch bei bewegten Motiven die Schärfe schnell (Prädiktionsautofokus, kontinuierlicher Autofokus).

Die Messgenauigkeit des passiven Autofokus ist sehr hoch und funktioniert bei jeder Entfernung. Prinzipiell ist diese Methode auch bei lichtstarken Objektiven sowie Teleobjektiven mit tendenziell geringer Schärfentiefe sehr zuverlässig und genau und funktioniert zudem sehr schnell.

Manche Digitalkameras übertragen allerdings die Scharfstellung dem Bildwandler und benutzen keine eigenen AF-Sensoren. Da diese Aufgabe rechenintensiv ist, sind solche Autofokussysteme vergleichsweise sehr langsam und es ist mit ihnen fast unmöglich, automatisch auf bewegte Motive scharfzustellen. Es ist in dem Fall besser, manuell vorzufokussieren und auszulösen, wenn das Motiv in die Schärfenebene kommt – sofern nicht auch die Auslöseverzögerung sehr lang ist.

Nachteilig beim passiven Autofokus ist die Abhängigkeit von Kontrast und Helligkeit des Motivs. Sprich, auf dunkle und/oder kontrastarme Motive kann nicht scharf gestellt werden.

5.2.3 Autofokushilfslicht

Manche Kamerahersteller statten gehobene Modelle deshalb mit einem Autofokushilfslicht aus, das in solchen Fällen ein Messmuster auf das Motiv projiziert, so dass der Autofokus Anhaltspunkte für die Scharfstellung erhält. Die Reichweite dieses Hilfslichts ist allerdings auf maximal etwa 10 Meter begrenzt.

Autofokushilfslicht
Foto: Olympus

5.2.4 Hybrid-Autofokus

Aufgrund der genannten Vor- und Nachteile von passivem wie aktivem Autofokus werden gehobene Modelle mitunter mit beiden Varianten ausgestattet (so genannter hybrider Autofokus), von denen dann bedarfsweise die jeweils besser geeignete benutzt wird.

5.2.5 Autofokussensoren

Während die ersten Autofokuskameras einst mit nur einem Autofokussensor ausgestattet waren, werden heute zunehmend mehr und zunehmend ausgefeiltere Sensoren eingesetzt. So wie die Belichtungsmessung sich vom Einzelsensor zur Mehrfeldmessung entwikkelte, entwickeln sich Autofokussysteme zunehmend.

In Bildmitte bzw. an den erwarteten bildwichtigen Punkten sind oft ein oder mehrere so genannte Kreuzsensoren platziert. Diese Sensoren können sowohl horizontale wie vertikale Strukturen erkennen und darauf scharfstellen.

Kreuzsensor und Einfachsensoren

Einfache Sensoren dagegen haben es mit vertikalen oder horizontalen Strukturen schwer. So erkennen vertikal angeordnete Sensoren vertikale Linien nur schwer, horizontale zeigen dem entsprechend Schwächen bei Horizontalen.

Bessere Kameras bieten einen Mehrpunktautofokus, der heute in der Regel aus einer Kombination von Kreuz- und Einfachsensoren besteht. Durch mehrere Sensoren beziehungsweise die Überdeckung eines größeren Bildfeldes kann die Scharfeinstellung zuverlässiger erfolgen.

Die Anordnung der AF-Sensoren ist oft im Sucher kenntlich gemacht. Bei Kameras, bei denen sich das Autofokuszielfeld gezielt aussuchen lässt, wird dann auch jeweils der aktivierte Sensor angezeigt, so dass klar ist, in welchem Bildbereich die Scharfeinstellung bestimmt wird.

5.2.6 Schärfespeicherung

Auch mit einem Mehrfeldautofokus ist die automatische Scharfstellung nicht in allen Fällen zuverlässig. Die absolute Gewähr, dass exakt auf den Punkt scharf gestellt wird, besteht nur, wenn das Autofokuszielfeld bekannt ist:

Der Auslöser an der Kamera ist meist als Zweistufenauslöser konzipiert, bei dem durch leichten Auslöserdruck die Schärfe (und meist gleichzeitig auch die Belichtung) fixiert werden kann. Erst, wenn er ganz durchgedrückt wird, erfolgt die Aufnahme.

Am zuverlässigsten – und oft auch am schnellsten – lässt sich deshalb scharfstellen, wenn der zentrale AF-Sensor angewählt und die Schärfe jeweils gespeichert wird. Dann wird die Kamera zum gewünschten Bildausschnitt verschwenkt.

5.2.7 Auslöse- und Schärfepriorität

Standardmäßig stellt die Kamera zunächst scharf und gibt erst dann den Auslöser für die Belichtung frei. Findet der Autofokus keinen Scharfstellpunkt, dann wird der Auslöser blockiert.

Das ist für scharfe Fotos gut. Das kann allerdings auch schlecht sein, weil es eine gewisse Zeitverzögerung bedeutet und weil nicht immer eine absolut exakte Scharfstellung von Nöten ist.

Bei einem Weitwinkel etwa kann die Schärfentiefe so groß sein, dass das Foto auch dann noch scharf wird, wenn nicht absolut exakt scharfgestellt worden ist. So reicht bei kurzen Brennweiten (8–16 mm) der Schärfentiefebereich schon bei Blende 8 vom Nahbereich bis ins Unendliche – da braucht es keine automatische Scharfstellung mehr.

Bessere Kameras lassen sich deshalb auf Auslösepriorität umstellen; in diesem Fall löst jeder Druck auf den Auslöser eine Aufnahme aus, unabhängig davon, ob das Motiv – nach Kamerameinung – bereits scharfgestellt ist.

5.2.8 Statischer Autofokus

Normalerweise funktioniert der Autofokus derart, dass eine einmal gefundene Scharfeinstellung auf leichten Auslöserdruck so lange gespeichert bleibt, bis entweder die Auslösung erfolgt, oder aber der Auslöseknopf wieder frei gegeben wird. Diese Einstellung ist dann gut, wenn die Bildkomposition im Vordergrund steht.

5.2.9 Nachführautofokus

Beim Nachführautofokus werden Schärfe (und Belichtung) permanent berechnet und bei bewegten Objekten nachgeführt; diese Betriebsart eignet sich besonders für Sportaufnahmen, aber auch andere Motivgebiete wie etwa Kinderaufnahmen.

Allerdings funktioniert der Nachführautofokus nur dann zuverlässig, wenn der Scharfeinstellung eigene Sensoren spendiert wurden. Bei Kameras, wo der Bildwandler auch die Aufgaben der Scharfeinstellung übernehmen muss, ist er zwar funktionsfähig, aber wenig brauchbar: Aufgrund der langen Berechnungszeiten hinkt er allem hinterher, was sich nicht gerade im Schneckentempo bewegt.

5.2.10 Manuelles Nachfokussieren

Ältere beziehungsweise einfachere Autofokussysteme haben eine praxisrelevante Einschränkung: Bei aktiviertem Autofokus kann oder darf nicht manuell scharfgestellt werden. Das kann mitunter aber durchaus praktisch sein, um die automatische Scharfeinstellung schnell einmal zu überstimmen, ohne auf manuellen Fokus umschalten zu müssen.

Bessere Systeme erlauben es, den Autofokus gewissermaßen zu überstimmen und manuell nachzufokussieren. Das explizite Umschalten von Autofokus zu manuellem Fokus und zurück wird damit weitgehend entbehrlich.

5.2.11 Tipps zur automatischen Scharfstellung

Die automatische Scharfeinstellung und die Festlegung des Motivausschnittes sollten ganz bewusst getrennt werden. Sonst besteht die Gefahr, dass nurmehr Fotos entstehen, bei denen sich das Hauptmotiv mehr oder weniger exakt in der Mitte befindet. Und das wird langweilig. Folgende Vorgehensweise hat sich bewährt:

- Hauptmotiv anvisieren, Auslöser leicht drücken. Es wird scharfgestellt und dieser Wert wird festgehalten.
- Gleichzeitig wird der Belichtungswert fixiert. Es ergibt sich ein Zusatzvorteil: Die Belichtung wird dort festgelegt, wo das Foto auch scharf sein wird und das ist der wichtigste Bereich im Foto.
- Jetzt erst wird mit immer noch halb gedrücktem Auslöser der eigentliche Ausschnitt bestimmt und ausgelöst.

Diese Prozedur klingt in Worten viel umständlicher und langwieriger, als es in der Praxis dann tatsächlich ist und empfiehlt sich für alle Motive, bei denen das Bild schon bei der Aufnahme gestaltet werden soll.

Nur in den Fällen, wo es wirklich auf höchste Schnelligkeit ankommt, verzichtet man auf die Ausschnittwahl bei der Aufnahme – und muss sie später in der Bildbearbeitung nachholen.

5.3 Manuelle Scharfeinstellung

Manchmal kann es sinnvoll sein, auf manuellen Fokus umzuschalten. Die manuelle Scharfeinstellung ist beispielsweise in der Makrofotografie hilfreich: Erst wird der Abbildungsmaßstab (= die Einstellentfernung) festgelegt, dann wird die Aufnahmeeinheit in die Schärfe gefahren. Das geht meist besser, wenn da nicht auch noch der Autofokus mitarbeitet.

Bei Kameras mit eher trägem Autofokus wird man auch immer dann auf manuelle Scharfstellung umschalten, wenn es besonders schnell gehen soll: Es wird auf die erwartete Entfernung vorfokussiert und dann braucht es nurmehr einen kurzen Auslöserdruck für die Aufnahme. Das Foto auf Seite 111 ist so entstanden.

Auch in einem anderen Bereich kann die manuelle Scharfeinstellung äußerst vorteilhaft sein. Dann nämlich, wenn mit lichtstarken Objektiven und sehr geringer Schärfentiefe fotografiert wird und da im Besonderen bei Personenaufnahmen. Da ist die Schärfentiefe bei Offenblende so gering, dass unbedingt auf den bildwichtigen Teil – die Augen – scharf gestellt werden muss. Und das geht mit manueller Scharfeinstellung oft viel schneller und zuverlässiger als mit der automatischen.

Hier findet kein Autofokus einen Scharfstellpunkt: manuelle Scharfeinstellung hilft.

5.4 Auslöseverzögerung

Der größte „Nervfaktor" an einer digitalen Kamera kann deren Auslöseverzögerung sein. Damit ist die Zeitspanne gemeint, die zwischen Auslöserdruck und Aufnahme vergeht. Und die kann bei einer digitalen Kamera ganz erheblich sein; mehrere Zehntelsekunden bis hin zur ganzen Sekunde und mehr sind keine Seltenheit.

Vor allem der Autofokus hat einen nicht unerheblichen Einfluss auf die Zeitspanne: siehe *5.2.2 Passiver Autofokus.*

Eine lange Verzögerung ist nicht nur lästig, weil man immer auf die Kamera warten muss, sondern macht Schnappschüsse praktisch unmöglich: Die Kinder und die Katzen spielen gerade so schön – und man fotografiert immer nur die grüne Wiese, weil beide längst woanders sind.

Schon vor dem Kauf sollte deshalb anhand der technischen Daten überprüft werden, wie lang diese Zeitspanne ist. Zum Vergleich: Konventionelle Spiegelreflexkameras kommen auf Werte von 80 bis 230 Millisekunden; eine der schnellsten Sucherkameras, die Leica M6, erreicht 12 Millisekunden (bei Sucherkameras gibt es den Zeit verzögernden Spiegelschwung nicht),

Noch besser ist die Probe vor dem Kauf: Aufnahme auslösen und Kamera sofort danach schnell in eine völlig andere Richtung schwenken: Auf dem Monitor der Kamera sehen Sie, was aufgenommen wurde. Im besten Fall stimmt das Bild (nahezu) mit dem überein, was im Sucher zu sehen war. Im schlechtesten Fall ist etwas völlig anderes abgebildet.

Kameras mit langer Auslöseverzögerung sind für Schnappschüsse und spontane Fotografie überhaupt nicht geeignet. Sie sind digital und hinken doch der Zeit hinterher.

5.5 Serienaufnahmen

Eine Angabe in den technischen Daten gilt der Aufnahmegeschwindigkeit: Wie viele Aufnahmen kann die Kamera wie schnell machen? Das, was früher ein mechanischer Motor an oder in der Kamera bewerkstelligte – die schnelle Aufnahmefolge – übernimmt heute die Elektronik.

Bei der Aufnahme wird der Bildwandler elektrisch geladen, und bevor die nächste Aufnahme gemacht werden kann, muss diese Ladung (= das Foto) erst einmal weggespeichert werden. Von der Geschwindigkeit des Datentransfers und der Schnelligkeit des (Zwischen-) Speichers hängt es ab, wie lange es dauert, bis die Kamera für die nächste Aufnahme bereit ist.

Die Größe des Zwischenspeichers legt dabei fest, wiege viele Aufnahmen hintereinander mit dieser Geschwindigkeit möglich sind. Ist der Speicher voll, müssen die Bilder erst einmal auf die Speicherkarte transferiert werden, und das dauert länger. So erklären sich Angaben wie „Serienbildfunktion bis 2 Bilder pro Sekunde (max. 3 Bilder bei hoher Auflösung)".

Die hier gebotenen Möglichkeiten sollten allerdings nicht überbewertet werden. In der Praxis gibt es nur einige wenige Motivbereiche, wo es wirklich auf schnellste Aufnahmefolgen ankommt. Das betrifft fast ausschließlich professionelle Sportfotografen.

Für alle anderen ist eine schnelle Aufnahmebereitschaft (und eine geringe Auslöseverzögerung) viel wichtiger. Es geht nicht darum, möglichst viele Aufnahmen in kurzer Zeit zu machen, sondern es ist wichtig, dass die Kamera nach der einen Aufnahme auch schnell wieder für die nächste bereit ist. Dafür braucht es keine 6 Bilder pro Sekunde, sondern da genügen auch deren ein oder zwei völlig.

5.6 Intervallaufnahmen

Bei dieser Steuerung löst die Kamera in vorherbestimmbaren Zeitintervallen selbsttätig aus; vorgegeben werden Zeitintervall und Aufnahmeanzahl: zum Beispiel 12 Aufnahmen alle 15 Minuten.

Damit werden Zeitrafferaufnahmen möglich und der Fotograf muss sich während dieser Zeit nicht mehr um die Kamera kümmern; die Auslösung erfolgt jeweils zum vorbestimmten Intervall automatisch.

Dieses Ausstattungsdetail ist sicherlich verzichtbar, findet sich aber bei sehr vielen Kameras, denn wo alles voller Elektronik steckt, ist so eine Funktion recht einfach zu realisieren und die Spielräume sind beträchtlich: 2 bis 240 Bilder in Intervallen von 30 s bis 60 min beispielsweise – da bieten sich Möglichkeiten.

Mindestens für einige Experimente sollte man die Funktion denn auch einmal ausprobieren, und wer weiß, vielleicht ergeben sich daraus ganz neue Fotos oder auch Fotografiervorlieben. Hier ein paar Anregungen:

- Eine Blüte, die sich am Morgen öffnet (oder am Abend schließt).
- Der Schläfer, wie er sich nachts bewegt.
- Sonnenaufgang oder –untergang.
- Motive, wie die alte verwitterte Tür im Lauf des Tageslichts.
- ...

5.7 Selbstauslöser

Der Selbstauslöser eignet sich nicht nur, den Fotografen gemeinsam mit seinen Lieben aufs Foto zu bannen, sondern auch zum erschütterungsarmen Auslösen. Durch die Vorlaufzeit können Erschütterungen, verursacht durch Auslöserdruck oder auch Spiegelschwung, wieder abklingen.

Wichtig ist das im Makrobereich, wenn mit langen Belichtungszeiten fotografiert wird. Aber auch bei nicht allzu stabilen Stativen kann es im Langzeitbereich nützlich sein, keine Verwacklungen zu riskieren und den Selbstauslöser einzuschalten, damit die Erschütterungen vor dem Auslösen abklingen können.

5.8 Film und Ton

Zu den Ausstattungsmerkmalen etlicher Kameras gehört auch die Möglichkeit, Film- und eventuell Tonaufnahmen zu machen. Folgende Möglichkeiten finden sich einzeln oder kombiniert:

- Filmaufnahme ohne Ton.
- Filmaufnahme mit Ton.
- Tonaufnahme zu den Fotos.

Die einzelnen Funktionen können dabei limitiert sein; Filmaufnahmen etwa auf 60 Sekunden, Tonaufnahmen auf 15 Sekunden. Sofern keine Limitierung vorliegt, setzt nur die Größe des Speichermediums die Grenze.

Bei Filmaufnahmen liegt die Auflösung typischerweise bei 320 x 240 Bildpunkten. Bietet die Kamera auch höhere Auflösungen wie 640 x 480 Bildpunkte, so ist zu prüfen, ob dabei auch die volle Filmgeschwindigkeit mit 24 Bildern pro Sekunde möglich ist.

Am unspektakulärsten sind stumme Filmaufnahmen. Tonfilme hingegen können zwar den Camcorder nicht ersetzen, sind aber für den, der hin und wieder ein paar Eindrücke vor Ort festhalten möchte, hervorragend geeignet. Auch der Nichtfilmer freut sich, wenn er den Daheimgebliebenen ein paar akustische und filmische Eindrücke aus dem Urlaub mitbringen kann, die in dieser Dichte und Intensität eben nur das Laufbild mit Ton vermitteln kann.

Film: Thomas Heinemann

Die Möglichkeit schließlich, einzelnen Fotos Tonaufnahmen beizufügen, ist als Notizfunktion sicher dann interessant, wenn etwas zu den Aufnahmen zu sagen ist, was sich so in den Exif-Daten noch nicht gespeichert findet. Der Name eines Kunstdenkmals etwa oder die Adresse des Bootsverleihers am Hafen.

5.9 Weißabgleich

Der Weißabgleich dient dazu, auch unter unterschiedlichsten Lichtverhältnissen Farben so wiederzugeben, wie es unserem Augeneindruck entspricht.

So ist Kerzenlicht «ziemlich rot», das Licht im Gebirge dagegen «ziemlich blau». Wir nehmen die unterschiedlichen Spektralfarben nur sehr selten bewusst wahr. Allenfalls bei tiefrotem Sonnenuntergang oder in ähnlichen Situationen erkennen wir die Lichtfarbe. Demgegenüber registriert die Kamera die Farbtemperatur viel genauer und muss deshalb für kritische Aufnahmen auf die augenblickliche Lichtfarbe geeicht werden – dazu dient der Weißabgleich.

Neutrale Farbwiedergabe ist nicht immer erwünscht; oft macht die Lichtstimmung die Stimmung.

Standard ist der vollautomatische Weißabgleich, bei dem die Kamera selbst entscheidet, wie die Farben wiedergegeben werden sollen. Das ist eine gute Standardeinstellung für die meisten Aufnahmen.

Sollen allerdings kritische Motive möglichst farbneutral fotografiert werden, dann wird die Einstellung besser manuell vorgegeben: Tageslicht, Kunstlicht und oft auch Neonlicht lassen sich auswählen.

Nur in ganz besonders kritischen Fällen – etwa wenn es um die Farbverbindlichkeit eines Stoffmusters geht – wird ein manueller Weißabgleich notwendig sein, den allerdings nicht alle Kameras beherrschen: Dazu wird direkt am Aufnahmeort der manuelle Weißabgleich (siehe Bedienungsanleitung zur Kamera) auf ein weißes Stück Papier durchgeführt, und zwar bei den Lichtverhältnissen, unter denen auch später die Aufnahmen entstehen werden.

5.10 Kameraanzeigen

Bessere Kameras der digitalen Art zeigen Werte wie Verschlusszeit, Blende, Batterieladung und weitere Betriebszustände im Sucher und auf dem Display an. So eine umfassende Sucheranzeige ist bequem und praxisgerecht: Ohne das Auge vom Sucher zu nehmen, kann der Fotograf Zeit und Blende, Belichtungskorrekturen, Blitzbereitschaft und dergleichen mehr im Bildfenster ablesen.

LCD-Anzeige eines Fotos samt Histogramm Foto: Minolta

Diese und weitere Informationen (etwa der Ladezustand der Batterien) finden sich bei manchen Modellen auch auf dem LC-Display. Das ist auch komfortables Bedienzentrum: Da können Bilder betrachtet, gezoomt, in der Übersicht dargestellt, einzeln oder in Auswahl gelöscht werden.

5.10.1 Histogramm

Das Histogramm ist die grafische Darstellung (Säulendiagramm) der relativen Pixelanzahl für den Wertebereich von hell bis dunkel. Die Grafik gibt Aufschluss über die Helligkeitsverteilung. Je höher eine Säule ist, um so mehr Bildpixel haben diesen Wert.

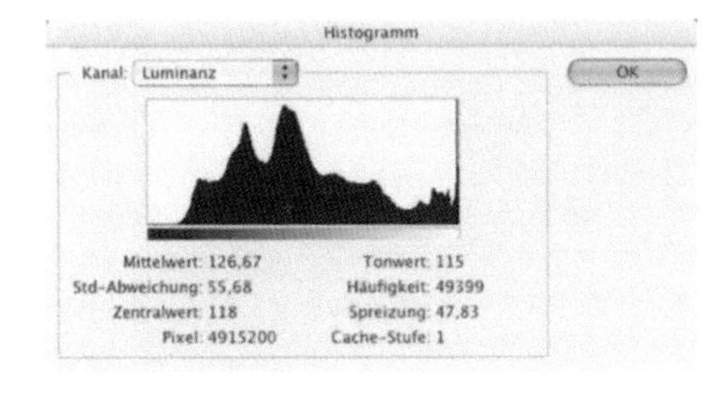

Ein Foto und sein Histogramm

Dem Histogramm können folgende Informationen entnommen werden:

- Kontrast – je unterschiedlicher einzelne Bereiche sind, um so höher der Kontrast.
- Helligkeitsverteilung im Bild – wo liegen die Schwerpunkte?
- Zeichnung in den Lichter- und Schattenbereichen.

Das Histogramm ist also eine nützliche Informationsquelle – bei der Bildbearbeitung. Im Aufnahmebereich ist es nicht mehr als interessant. Denn selbst wenn das Histogramm Maßnahmen wie zum Beispiel eine Gradationsverflachung oder eine Farbanhebung nahe legt, so ist während der Aufnahme nicht der richtige Zeitpunkt dafür: Die Einflussmöglichkeiten direkt in der Kamera sind begrenzt und nicht widerrufbar.

5.11 Bildbearbeitungsfunktionen

Rudimentäre Bildbearbeitungsfunktionen und sensationelle Effekte, wie sie bei manchen Kameras zu finden sind, bleiben am besten ausgestellt. Farb- und Kontrastvarianten und auch die Scharf- oder Weichzeichnung lassen sich besser und genauer am großen Monitor vornehmen – und bei Bedarf auch wieder zurücknehmen.

5.12 Dateneinbelichtung

Die Möglichkeit der Dateneinbelichtung – Datum, Uhrzeit und auch Text – wird normalerweise selten benutzt werden, denn die wichtigsten Aufnahmedaten finden sich auch in den Bilddaten gespeichert.

Ausnahme sind hier Gutachter beziehungsweise all jene Anwendungsfälle, wo es gilt, (ausgedruckte) Fotos mit Informationen weiterzureichen.

5.13 Firmware und Software

Jede digitale Kamera wird mit einigen Programmen ausgeliefert. Das wichtigste ist die so genannte „Firmware“ – das ist das in der Kamera gespeicherte Programm, das Funktionen und Leistung festlegt. Welche Version die Kamera hat und wie man das feststellt, steht in der Bedienungsanleitung.

Es war bereits davon die Rede, dass hinter den Rechenverfahren für die (farbige) Bildaufbereitung erhebliches Wissen steckt und dass diese Algorithmen entscheidend sind für die Güte des Fotos. Genau dafür ist die Firmware zuständig. Daneben steuert sie die Kamera in all ihren Funktionen wie Belichtung und Autofokus.

Wie jede Software ist sie prinzipiell austauschbar und bessere Kameras bieten tatsächlich die Möglichkeit eines Firmware-Updates. Deshalb lohnt sich von Zeit zu Zeit ein Blick auf die Webseite des Kameraherstellers, denn es ist nicht ausgeschlossen, dass dort eine neue Firmware-Version angeboten wird, die Fehler behebt oder sogar völlig neue Funktionen bereit stellt.

Der Umfang der zusätzlich beigelegten Software unterscheidet sich von Kamera zu Kamera und reicht von spartanisch bis üppig. Standard ist ein Transferprogramm, mit dem die Fotos in den Computer geladen werden können. Meist liegt auch noch ein einfaches Bildbearbeitungsprogramm bei. Bei üppig ausgestatteten Kameras finden sich ausgewachsene Bildbearbeitungsprogramme und Stich-Programme für die Erstellung von Panoramen im Lieferumfang.

5.14 Hinweise zur Kamerawahl

Eine Aufstellung oder ein Vergleich aktueller digitaler Kameras erscheint an dieser Stelle wenig sinnvoll; noch sind die Produktzyklen viel zu kurz, als dass es sinnvoll wäre, einzelne Modelle allzu genau vorzustellen. Die Liste wäre wohl bereits mit Erscheinen des Buches in Teilen veraltet.

Dennoch sollen die Informationen in diesem Buch auch Hilfestellung bei der Wahl einer Kamera geben. Hier sind die wichtigsten Aspekte noch einmal kurz zusammengefasst.

5.14.1 Kameraanbieter

Neben den konventionellen Kameraanbietern haben sich auch andere Firmen der digitalen Kameratechnik angenommen. Es deutet allerdings viel darauf hin, dass die traditionellen Kamerahersteller ihre Kompetenz im Kamerabau nahtlos auch auf die digitale Fotografie übertragen konnten, während es andererseits den Quereinsteigern nicht ganz so leicht fällt, gute Kameras zu bauen.

Bei entsprechenden Vergleichstests in den Fachzeitschriften jedenfalls finden sich die digitalen Kameras der traditionellen Kamerahersteller auf den vorderen Rängen. Und bei Kamera mit Wechselobjektiv bleibt sowieso keine Alternative zu den altbekannten Fotofirmen.

Vielleicht auch aus dem Grund haben einige frühe Quereinsteiger ihr Engagement wieder eingestellt, andere bewegen sich vor allem im Niedrigpreissegement.

Nennenswerte Ausnahmen sind Firmen wie etwa Sony, die sich fotografisches Know-How – in dem Fall das der Objektivfertigung – bei traditionellen Firmen einkauften und sich im Markt anspruchsvoller Digitalkameras behaupten können.

5.14.2 Auswahlkriterien

Was die fotografischen Möglichkeiten angeht, bewegen sich die preiswerteren digitalen Kameras auf einem Niveau, das dem einfacher Kompaktkameras entspricht: Einflussmöglichkeiten auf Blende oder Belichtungszeit hat der Fotograf nur selten, auch das Zoomobjektiv ist nicht Standard.

Für einfache Schnappschüsse und als Spaßmacher eignen sich die entsprechenden Modelle nichtsdestotrotz; ambitionierte Fotografen allerdings, die sich etwas mehr Gestaltungsmöglichkeiten wünschen, sollten auf folgende Punkte achten:

- Hochwertiges Zoomobjektiv; eventuell gute Weitwinkel- und Telekonverter als Zubehör.
- (Geringe) Auslöseverzögerung.
- Schneller Autofokus.
- Zeit-, Blenden und Programmautomatik.
- Eingriffsmöglichkeiten in die Belichtungssteuerung.
- Wahl der Empfindlichkeit.
- Vernünftige Bedienbarkeit.
- Ausreichend große Speichermedien.
- Externes Blitzlichtgerät.
- Blitzanschluss für Studioblitzgeräte.
- Guter Sucher.
- Idealerweise Standardakkus (Mignon).

Trotz aller Möglichkeiten der Nachbearbeitung und auch der Nachbesserung (die sehr oft nötig sein wird): Je besser die Aufnahme, desto besser das Bildergebnis. Ist doch auch diese Kette nur so stark wie ihr schwächstes Glied.

Wichtig ist nicht allein die Auflösung der Kamera (siehe *2.2 Auflösung* weiter vorn), sondern die Frage „Was will ich mit den Fotos machen?“ (siehe auch Abschnitt *2.2.2 Ideale Auflösung)*. Danach entscheidet sich, welche Güte, Ausstattung und Auflösung die Kamera bieten sollte.

Kapitel 6

Bildspeicher

6.1 Speicherkarten

Die preiswertesten digitalen Kameras haben keinen Wechselspeicher und können deshalb nur einige wenige Bilder im internen Speicher aufnehmen. Das nötigt den Fotografen recht schnell, die bereits gemachten Aufnahmen entweder zu überschreiben oder aber vorher auf den Computer zu überspielen, um Platz zu schaffen.

Modelle mit Speicherkarten bieten mehr Möglichkeiten, kann doch eine volle Speicherkarte herausgenommen und aufbewahrt, die nächste (leere) eingeschoben und «belichtet» werden.

Die wenigsten Kameras lassen hinsichtlich der Speicherkarte eine Wahl, und es macht auch keinen großen Sinn, eine Kamera anhand dieses Kriteriums auszusuchen, zumal alle Speicher zuverlässig funktionieren und in etwa dasselbe kosten.

Die größere Speicherkarte ist nicht unbedingt die bessere: Stellen Sie sich nur einmal vor, Sie müssen unterwegs hundert oder zweihundert Bilder auf dem Monitor durchblättern, bis Sie das Gesuchte finden. Das dauert. Und ein (obzwar seltener) Defekt betrifft dann sehr viele oder gar sämtliche Aufnahmen.

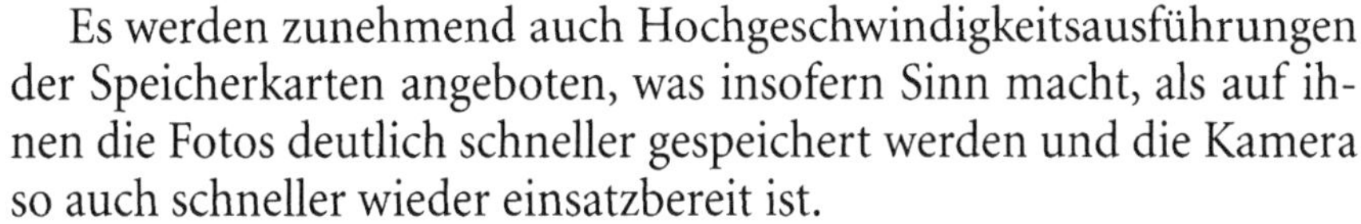

Es werden zunehmend auch Hochgeschwindigkeitsausführungen der Speicherkarten angeboten, was insofern Sinn macht, als auf ihnen die Fotos deutlich schneller gespeichert werden und die Kamera so auch schneller wieder einsatzbereit ist.

6.1.1 CompactFlash

CompactFlash-Speicherkarten sind praktisch und weit verbreitet und gehören aufgrund der hohen Stückzahlen, der vielen konkurrierenden Anbieter und mangels Lizenzierungskosten (CompactFlash ist ein offener Standard) traditionell zu den günstigsten Speichermedien. Sie sind die verkleinerte Ausführung der PC-Speicherkarte (PC-Karte; PCMCIA) mit gleichem Anschluss (ATA-Schnittstelle, jedoch 50 statt 68 Pins).

Die CompactFlash-Karte passt mit einem passivem und deshalb preisgünstigen Adapter (für den keine Elektronik notwendig ist) in den PC-Card-Slot des (Notebook-) Computers. Sie ist mit 43 x 36 x 3,3 mm zwar größer als die Konkurrenz wie SmartMedia oder xD-Picture Card, aber noch sehr handlich und bietet hohe Speicherkapazitäten.

Die Spezifikationen zur CompactFlash definieren in Version 2.0 eine Datentransferrate von bis zu 16 Megayte pro Sekunde sowie eine maximale Kapazität von 137 Gigabyte. Damit dürften die Speicherkarten für die nähere Zukunft gut gerüstet sein.

6.1.2 Festplatten

Auf Basis der CompactFlash werden gar kleine Festplatten mit bis zu 4 Gigabyte Kapazität angeboten. Sie folgen dem CompactFlash Standard und bedingen einen Schacht für CompactFlash Typ II. Diese Karten sind bei gleichen Grundabmessungen doppelt so hoch (6,6 mm) wie Karten des Typs I.

Die Festplatten funktionieren aber nicht in allen Kameras mit CF-Slot Typ II, selbst wenn sie mechanisch passen. Genaueres wissen der Prospekt oder die Bedienungsanleitung.

Zu beachten bleibt zudem, dass so manches Betriebssystem (des Computers) Medien, die größer als 2 Gigabyte sind, nicht erkennt respektive nur einen 2-Gigabyte-Teil davon nutzen kann.

Sie können wie CompactFlash auch mit einem einfachen Adapter direkt in den PC-Card-Slot des Computers respektive in ein entsprechendes Lesegerät eingeschoben und dort problemlos und schnell gelesen werden.

Festplatte, so klein wie eine Euromünze
Foto: IBM

Der Microdrive von Hitachi (einst IBM) ist die bekannteste Mini-Festplatte und speichert in etwa doppelt so schnell wie eine normale CompactFlash-Speicherkarte und knapp so schnell wie eine CompactFlash in Hochgeschwindigkeitsausführung.

Das beschleunigt das Speichern unkomprimierter Fotos ebenso wie es die Serienbildfunktion verbessert: Es werden zwar nicht mehr Bilder pro Sekunde aufgenommen, aber das Limit (zum Beispiel maximal 5 Fotos bei 3 Bildern pro Sekunde) ist schneller wieder aufgehoben, da der Zwischenspeicher schneller ausgelesen werden kann.

Im Gegensatz zu den anderen Speichermedien enthalten die Mini-Festplatten hochgenaue bewegliche Teile und sind deshalb tendenziell weit anfälliger gegen Defekte. Obwohl sie sehr gut auf ihren Einsatzzweck vorbereitet wurden (Schockresistenz) bleibt dennoch Fakt, dass sie auf eine Feinmechanik angewiesen sind, die für die Funktion unentbehrlich ist, und die es bei Speicherkarten nicht gibt. Und was es nicht gibt, das kann auch nicht kaputt gehen.

Auch der Stromverbrauch liegt doch deutlich über dem von Speicherkarten ohne bewegliche Teile. Die CompactFlash Assosiation reklamiert für ihre Karten, sie seien bei nur 5% des Stromverbrauchs fünf- bis zehnmal unempfindlicher und verlässlicher.

Ähnliches gilt sicherlich auch für alle anderen Speicherkarten ohne bewegliche Teile; auch wenn Winzlinge wie die SD-Card oder die MM-Card doch sichtlich fragiler und deshalb für Knicke und Brüche anfälliger sind als CompactFlash.

Weiterhin ist der Einsatz dieser Minifestplatten nur bis zu einer Höhe von rund 3000 Metern vorgesehen. Dank des Druckausgleichs funktionieren sie zwar auch in Flugzeugen, in Hochgebirgsregionen aber kann es zum gefürchteten „Headcrash" kommen, da die Luft zu dünn ist, um ein sicheres Luftpolster für den Schreib-/Lesekopf aufzubauen.

6.1.3 SmartMedia

SmartMedia-Speicherkarten sind klein (45 x 37 x 0,76 mm) und leicht (2 Gramm), bieten allerdings auch den geringsten Speicherplatz aller für Digitalkameras gebräuchlichen Medien. Karten mit 128 Megabyte sind gängig, aber bei 256 Megabyte und mehr fällt es schon schwer, einen Händler zu finden, der sie führt.

Es sind zudem die Speicherkarten, bei denen es am meisten zu beachten gilt. Denn einerseits gab es früher 5-Volt-Ausführungen, und einige ältere Kameras verlangen danach.

Heute ist die 3,3-Volt-Variante in unterschiedlichen Kapazitäten (8, 16, 32, 64, 128 MB,...) üblich. Doch auch hier lassen sich die großen Karten nur in neueren Kameras verwenden. Ältere Modelle kommen mit 32 Megabyte und mehr nicht zurecht.

6.1.4 SD-Card

Die „Secure Digital Card" gehört mit ihrer geringen Größe von nur 24 x 32 x 2,1 mm bei einem Gewicht von 2 Gramm zu den kleinen und leichten Speicherkarten.

Sie wird durchaus auch in digitalen Kameras als Speichermedium eingesetzt, vorwiegend aber zur Datenspeicherung in Handys, MP3-Playern und PDAs benutzt.

Die „sichere Digitalkarte" ist mit einem mechanischen Schreibschutzschieber ausgerüstet und enthält die nötige Logik für Digital Rights Management (= Festlegung, was mit urheberrechtlich geschützten Inhalten – vor allem Musik – geschehen darf). Da für dessen Nutzung allerdings erkleckliche Lizenzzahlungen fällig werden, ließ sich bislang kaum ein Lizenznehmer dafür finden.

6.1.5 MM-Card

Die „Multi Media Card" ähnelt sehr der SD-Card. Sie hat bei ähnlichen Abmessungen (Größe 24 x 32 x 1,4 mm, Gewicht 1,5 Gramm) allerdings nur sieben Anschlüsse.

MM-Cards gehören neben den SD- und den xD-Picture Cards zu den augenblicklich kleinsten und leichtesten Speichermedien, werden in Digitalkameras aufgrund der vergleichsweise geringen Kapazität (gängig sind 128, 256 und 512 MB) jedoch eher selten als Speichermedium gewählt.

6.1.6 xD-Picture Card

Eine relativ neue Entwicklung ist die gemeinsam von Fujifilm und Olympus entwickelte xD-Picture Card (25 x 20 x 1,7 mm), die langfristig SmartMedia ablösen soll und noch kleiner als die sowieso schon kleinen SmartMedia-Karten ist (etwa 1/4 einer CompactFlash-Karte).

Sie ist problemloser und zukunftssicherer als SmartMedia, da sie für bis zu 8 Gigabyte spezifiziert ist und so sollte sie keine Kompatibilitätsprobleme zeigen, wenn über die heute gängigen bis zu 512 Megabyte Speichermedien hinaus Karten mit höherer Kapazität angeboten werden.

Wobei sich aber schon die Frage erhebt, ob die digitale Fotowelt tatsächlich immer neue – kleinere – Speicherkarten braucht. Kameras können schon aus dem Grund nicht beliebig verkleinert werden, weil sie dann unbedienbar werden. Die Kleinheit einer Karte ist also kein sehr gewichtiges Argument.

Bleibt abzuwarten, wie die Lizenz- und Preispolitik sich gestalten wird. Nicht, dass es so kommt, wie beim Memory Stick:

6.1.7 Memory Stick

Der Memory Stick ist eine Entwicklung von Sony und findet sich deshalb hauptsächlich, ja fast ausschließlich, in Sony-Kameras. Relativ klein (21 x 50 x 2,8 mm) und stabil, hat er eigentlich nur einen Nachteil: Er wird ausschließlich von Sony gefertigt respektive lizenziert, und man ist damit an die Produkt- und Preispolitik dieser Firma gebunden. So gehört der Memory Stick mangels echter Konkurrenz traditionell zu den teuersten Speichermedien, dessen Preis etwa um den Faktor 1,5 bis 2 und zeitweise auch mehr über dem anderer Medien liegt.

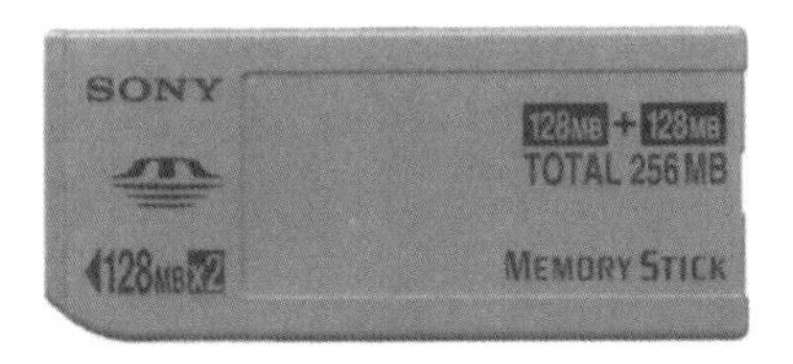

Die Begrenzung des Memory Stick auf 128 Megabyte versucht Sony mit einem Trick aufzuweichen: Im so genannten „Memory Stick Select" sind zwei 128-Megabyte-Partitionen untergebracht, zwischen denen der Nutzer manuell umschalten kann und muss.

Der Memory Stick Pro ist eine Weiterentwicklung, die allerdings nicht mit älteren Kameras kompatibel ist. Das heißt, Kameras mit Pro-Schacht nehmen auch den alten Memory Stick auf; umgekehrt aber lassen sich die Pro-Sticks nicht in alten Kamera verwenden.

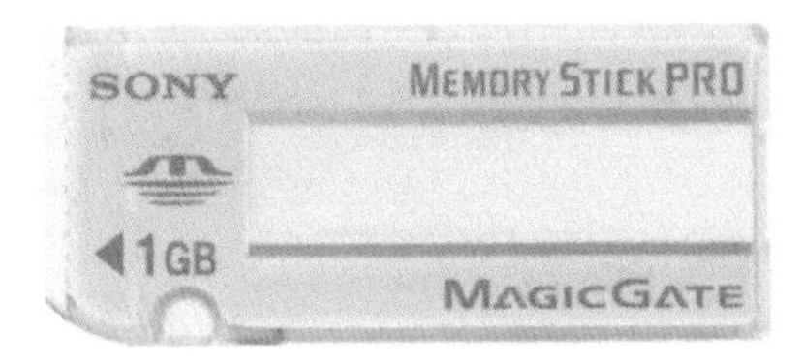

Die Pro-Variante bietet vor allem höhere Speicherkapazitäten von bis zu – noch theoretischen – 32 Gigabyte und eine schnellere Zugriffsgeschwindigkeit.

Die Variante „Magic Gate“ ist eine Sonderform des Memory Stick mit Digital Rights Management. Das heißt, hiermit können Anbieter urheberrechtlich geschützter Inhalte (vor allem Musik) deren Verwendung bestimmen, sprich einschränken. Da Sony für diese Funktion aber hohe Lizenzgebühren und restriktive Verträge voraussetzt, konnte sich Magic Gate nicht etablieren.

6.2 Externe Bildspeicher

Reicht die Kapazität der vorhandenen Speicherkarten, etwa im Urlaub und auf Reisen, nicht aus, oder sollen die Daten unterwegs sicherheitshalber auch archiviert werden, dann können externe Bildspeicher statt weiterer Speicherkarten sowohl das Platz- wie das Backup-Problem lösen.

Ein gangbarer Weg ist die Auslagerung der digitalen Daten auf die Festplatte, soweit ein Notebook im Gepäck ist.

Es werden aber auch kompakte externe Bildspeicher angeboten, die eine eingebaute Notebook-Festplatte (je nach Modell 20 Gigabyte und mehr) und einen Einschub für die Speicherkarten haben, so dass sich die Daten von der Speicherkarte auslesen und in diesen digitalen Fotoalben speichern lassen.

Einige Modelle fungieren auch gleichzeitig als Kartenlesegerät und bieten gewissermaßen einen kostenlosen Zusatznutzen.

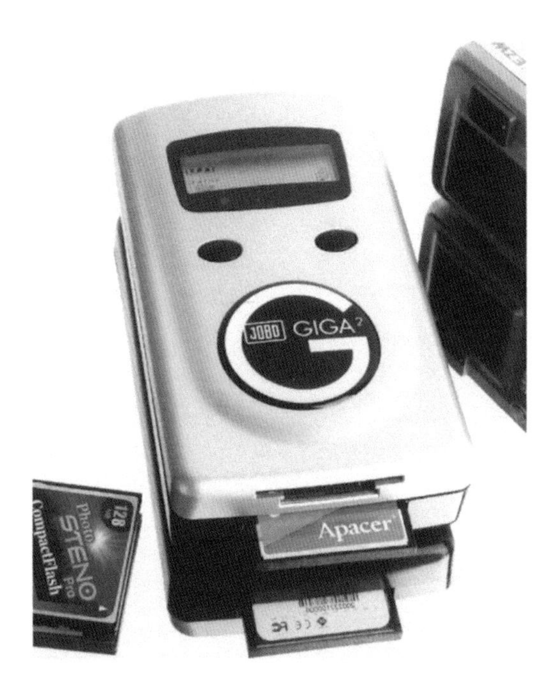

Foto: Jobo

Diese Lösung ist mit Kosten von ca. 200 Euro bis 600 Euro (je nach Ausstattung und Kapazität) zwar nicht ganz billig, aber dennoch die preiswerteste Möglichkeit, große Mengen digitaler Fotos unterwegs zu speichern. Das ist auf jeden Fall kostengünstiger, als die entsprechende Menge Speicherkarten zu kaufen.

Foto: Nixvue

Solche externen Speicherlösungen bieten unter anderem folgende Hersteller an:

Level Electronics – Image Tank (www.imagetank.at)
Nixvue – Digital Album (www.nixvue.com)
Vosonic – X-Drive (www.vosonic.co.uk)
Jobo – Giga (www.jobo.com)

Bei der Auswahl eines Modells sollten neben dem Preis folgende Punkte geklärt werden:

- Ausreichende Kapazität.
- Benutzerführung: Ist der Datentransfer zuverlässig, wie aussagekräftig ist das kleine Display (Speichervorgang, Restkapazität, Speicher voll)?
- Energieversorgung: Akku eingebaut oder nur externe (weltweite) Stromversorgung?
- Stromversorgung auch über 12-V-Bordnetz möglich?
- Unterstützte Speicherkarten.
- Computeranbindung: Welche Schnittstelle zum Computer hat der Bildspeicher?
- Möglichkeit der Bildausgabe auf Fernseher? Welche Anschlüsse (PAL, NTSC, Secam)?

6.3 Speicherformate

In den Grundeinstellungen der Kamera kann das Dateiformat vorgegeben werden, in dem die Fotos gespeichert werden: RAW, JPEG und TIFF sind die gebräuchlichsten Formate.

6.3.1 RAW

RAW – roh – meint das reine Bilddatenformat ohne jegliche Berechnungen wie Komprimierung, Schärfe, Farbe, Weißabgleich etc. Das verspricht maximale Bildqualität mit maximalen Beeinflussungsmöglichkeiten in der Bildbearbeitung.

Der Nachteil: RAW ergibt sehr große Bilddateien, die um den Faktor 10 größer sein können als eine JPEG-Datei und das wiederum bedeutet langsame Speicherung und damit Aufnahmefolge und deutlich geringere Aufnahmekapazität – auf eine Speicherkarte passt nur ein Bruchteil der Fotos.

Da das Format noch keinerlei Bildberechnungen enthält, muss jedes einzelne Foto zudem zwingend bearbeitet werden. Weil jeder Hersteller proprietäre RAW-Bildformate verwendet, die sich sogar von Kameramodell zu Kameramodell unterscheiden können, ist für die Bearbeitung ein Spezialprogramm des Herstellers notwendig. Ob das auch in fünf Jahren noch erhältlich ist, ist fraglich.

Bildbearbeitungsprogramme bieten zwar zunehmend die Möglichkeit, auch (einige) RAW-Formate einzulesen, doch auch hier ist der Langzeitzugriff nicht gesichert.

RAW folgt im Gegensatz zu den anderen Bildformaten keinem allgemeinen Standard und wird das auch nie tun, denn jeder Hersteller hat seine eigenen Erfahrungen und Tricks, wie die Daten des Bildwandlers bestmöglich ausgelesen und aufbereitet werden können. Es empfiehlt sich deshalb, alle Bilddateien sicherheitshalber immer auch in einem kompatiblen Format wie TIFF oder JPEG zu archivieren.

6.3.2 TIFF

Das Tagged Image File Format wurde vor Jahren für IBM entwickelt und ist ein komplexes Format für Farbtiefen von 1 bis 24 Bit pro Pixel, das plattformunabhängig definiert ist. Es ist deshalb das gebräuchlichste – und zuverlässigste – Bildformat für den Austausch zwischen verschiedenen Plattformen (z. B. zwischen Macintosh und Windows).

TIFF unterstützt Bitmap, Graustufen RGB in 24 Bit und CMYK und bietet sehr flexible Möglichkeiten, Bilder mit verschiedenen Auflösungen, verschiedenen Graustufen oder Farben zu speichern.

Als Dateiformat für digitale Kameras hat es im Gegensatz zu RAW den Vorzug (manche sehen das auch als Nachteil an), dass alle Bildberechnungen bereits durchgeführt wurden, bevor das TIFF gespeichert wird. TIFF-Dateien können aufgrund des Standardformats mit hoher Kompatibilität also unmittelbar auch archiviert werden. Im Gegensatz zu JPEG werden TIFF-Dateien unter allen Umständen verlustfrei gespeichert. Die Dateigröße entspricht in etwa der des RAW-Formats.

Da TIFF-Dateien relativ groß werden können, unterstützen mittlerweile viele Programme auch eine Komprimierung der Daten. Die LZW-Komprimierung arbeitet verlustfrei, das heißt, es entsteht keine Beeinträchtigung der Bilddatei. Je mehr Farbnuancen existieren, um so weniger wird die Datei komprimiert. Strichbilder können problemlos auf bis zu 10% der ursprünglichen Größe reduziert werden, während 24-Bit-Bilder mit Farbverläufen kaum komprimiert werden.

Im Zweifelsfall ist es aber immer am sichersten, TIFF unkomprimiert abzuspeichern, denn damit kommen alle Programme und Plattformen am zuverlässigsten klar.

6.3.3 JPEG

JPEG (Joint Photographers Experts Group) ist im eigentlichen Sinne kein Grafikformat, sondern eine hocheffektive Komprimierungsmethode, mit der 24-Bit-Bilder und Graustufenbilder auf bis zu 1/20 ihrer Originalgröße komprimiert werden können.

Aufgrund der Arbeitsweise des Algorithmus ist dieses Verfahren am besten für naturalistische Bilder wie Landschaften oder Stilleben geeignet. Weniger gut werden Bilder mit Text oder allgemein Strichzeichnungen interpretiert. JPEG ist bei der Datenkomprimierung von Standbildern sehr effektiv (für bewegte Bilder kommt ein verwandtes Prinzip zum Einsatz: MPEG).

Das Verfahren arbeitet verlustbehaftet: Was einmal (weg-) komprimiert worden ist, kann nachträglich nie mehr hinzugerechnet werden – die schlechtere Qualität bleibt. Aber JPEG bietet die Möglichkeit, unterschiedlich stark zu komprimieren. Und in der höchsten Qualitätsstufe erreicht JPEG ein Niveau, das gegenüber dem TIFF-Format kaum messbare Unterschiede aufweist, aber deutlich weniger Speicher belegt. Dies ist ein Grund, warum JPEG gerne und oft als Standardformat in digitalen Kameras benutzt wird.

JPEG wurde allerdings speziell für Halbtonbilder – für Fotos – entwickelt und optimiert und eignet sich deshalb nur schlecht oder gar nicht für andere Dateien wie Verbunddokumente (Text, Bild und Grafik gemischt), Computergrafiken (mit harten Übergängen) und Strichgrafiken.

Mit dem neuen Standard JPEG 2000 soll sich das alles ändern. Zuvorderst besteht hier auch die Möglichkeit der verlustfreien Komprimierung (bei rund halber Dateigröße). Verlustfreie Komprimierung beherrschte zwar auch schon einer der vielen JPEG-Modi, aber den kennt kaum ein Komprimierungsprogramm.

Weiter wurden die Algorithmen auch für Bild, Text und Grafiken optimiert, so dass JPEG 2000 alle Anlagen hat, sich zu einem neuen Standard zu entwickeln und auch in digitalen Kameras Einzug zu halten.

6.3.4 Formatvergleich

Welches Speicherformat am besten für die persönlichen Ansprüche taugt, lässt sich schlüssig nur in einem Vergleich mit der eigenen Kamera klären.

Einige Stativaufnahmen desselben Motivs, aufgenommen mit den unterschiedlichen Dateiformaten und Komprimierungsstufen, werden am Monitor in hoher und höchster Vergrößerung bezüglich Schärfe, Farbwiedergabe (vor allem der Pastelltöne), Kantendarstellung usw. verglichen.

Als Motiv eignet sich durchaus das Nachbarhaus samt Busch im Vordergrund und Wolkenhimmel im Hintergrund. Da finden sich dann vertikale, horizontale und schräge Kanten, feine Strukturen und Farbverläufe und glatte Farbflächen zum Vergleichen.

Als Faustregel gilt: RAW zeigt die besten Bildergebnisse. TIFF und niedrig komprimiertes JPEG unterscheiden sich nicht und beide sind als Speicherformat für die Digitalkamera kaum bis gar nicht schlechter als RAW.

6.4 Speicherdaten

Neben den reinen Bilddaten werden zusätzliche Informationen abgespeichert, die sich in den meisten Bildbearbeitungsprogrammen anzeigen lassen. Spezielle Hilfsprogramme erlauben es sogar, die kompletten Daten eines Bildordners einzulesen, beispielsweise um ein Archiv der Aufnahmedaten anzulegen.

6.4.1 Exif

Das „Exchangeable Image File Format" ist ein Dateianhang (Metadaten), mit dem Aufnahmedaten an die Bilddatei angehängt werden, die von geeigneter Software auch wieder ausgelesen werden können: Datum und Uhrzeit, Kamerahersteller und Modell, Belichtungsfunktion, Verschlusszeit, Blendenwert, Belichtungsmessmethode, Blitz an/aus, Empfindlichkeit, Einstellung des Weißlichtabgleichs, Brennweite, Farbraum…

Der Standard Exif 2.2 kann noch mehr Parameter speichern und soll insbesondere den Druck der Fotos verbessern helfen, indem weitere hilfreiche Daten wie Lichtquelle, Motivabstand sowie der aktuellen Kameraeinstellungen von Bildkontrast, Schärfe, Farbsättigung usw. erfasst werden.

6.4.2 IPTC

IPTC (International Press Telecommunications Council) ist ein Standard, bei welchem dem Foto Bilddaten wie etwa Urheberrechte, Bildbeschreibung usw. mitgegeben werden können. Dieser so genannte IPTC-Header ist integraler Teil der Bilddatei und bessere respektive professionelle Kameras können die wichtigsten IPTC-Daten wie Aufnahmedaten und Urheber gleich mit der Aufnahme sichern. Professionelle Anwender bei Zeitungen, Presse- und Bildagenturen erleichtern sich damit die Verwaltung (und Abrechnung) der Fotos.

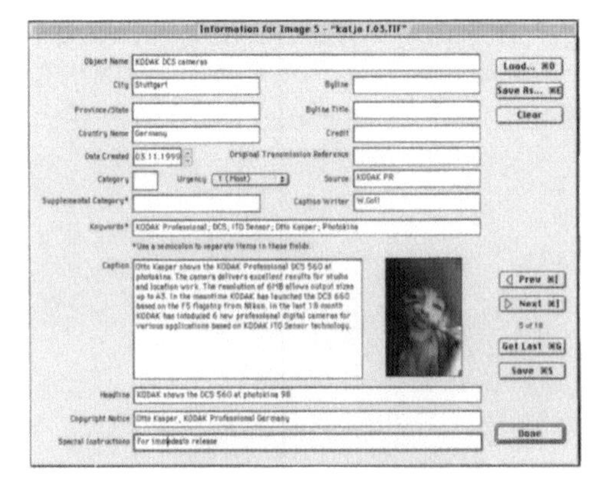

Das Eingeben der IPTC-Daten muss aber nicht notwendigerweise direkt bei der Aufnahme erfolgen, sondern diese Angaben können den (bearbeiteten) Bilddaten auch nachträglich zugefügt werden. Das ist unter anderem bei den Formaten JPEG, TIFF, PSD, EPS, PNG, BMP, PICT und GIF möglich.

6.4.3 DPOF

Das „Digital Print Order Format" zeigt schon durch die Namensgebung, dass es vor allem auf den Ausdruck abzielt. Bei entsprechend ausgerüsteten Kameras kann vorgegeben werden, welche Fotos ausgegeben werden sollen.

Dabei können jeweils Ausgabegröße und –anzahl sowie weitere Angaben wie Bildnummer, Datum oder Adresse für die Bildausgabe vorgegeben werden. Diese Angaben können vom Fotolabor, aber auch von einigen Druckern, ausgewertet werden.

6.4.4 Proprietäre Speicherdaten

Daneben gibt es immer wieder Versuche einzelner Hersteller, eigene, nicht öffentliche Speicherdaten zu implementieren. Andere Hersteller können diese nur gegen Lizenzierung übernehmen.

Ein Beispiel ist Print Image Matching von Epson, das die Farbraumbeschreibung der Kamera in die Exif-Informationen der Bilddaten schreibt und diese bis zum farbrichtigen Druck transferieren soll. Dabei fällt einem allerdings sofort als offene Lösung ein vernünftiges Farbmanagement mit ICC-Profilen als Alternative ein.

So gut der einzelne Ansatz gemeint sein mag, die mangelnde Standardisierung hat bislang verhindert, dass sich solche Versuche auf breiter Front durchsetzen konnten.

Kapitel 7

Energieversorgung

7.1 Akkus und Batterien

Digitale Kameras sind leistungshungrig und der Energieversorgung gilt demzufolge das Augenmerk des Fotografen. Musste er sich früher vor allem um ausreichend Filmmaterial kümmern, so hat sich das heute auf Akkus und Batterien verlagert.

Gut gegen den Leistungshunger digitaler Kameras und für sichere Handhabung: Handgriff mit Akku Foto: Olympus

Viele moderne Kameras sind allerdings viel zu leistungshungrig für Batterien; manche schalten schon nach einigen wenigen Aufnahmen ab, und für die meisten ist nach kaum 30 Aufnahmen Schluss. Nur als absoluter Notbehelf kommen deshalb Batterien in Betracht, in der Regel müssen Akkus benutzt werden. Bei Kameras, die Spezialakkus verwenden, gibt es sowieso keine Alternative.

Einen nicht unerheblichen Anteil am Energieverbrauch hat das LC-Display, aber auch das Blitzgerät verbraucht sehr viel Strom, wenn es zugeschaltet wird. Der Energieverbrauch unterschiedlicher Kameras kann sehr verschieden ausfallen und es gibt einige Modelle wie zum Beispiel die Minolta Dimage, die nachgerade verschrien sind ob ihres hohen Energieverbrauchs.

Doch das Problem ist selbst bei energiehungrigen Kameras nicht wirklich existent: Mit simpler Vorsorge kommt man nie in die Verlegenheit, ohne funktionstüchtige Kamera dazustehen.

Die wichtigste Maßnahme besteht natürlich darin, genügend Ersatzakkus für die Aufnahmezeit fernab der Steckdose mitzunehmen.

Es besteht übrigens kein Grund zu der Sorge, dass teilentladene Akkus zu Funktionsbeeinträchtigungen der Kamera führen: Entweder die Spannung ist ausreichend, dann funktioniert die Kamera uneingeschränkt – oder sie ist zu niedrig, dann schaltet die Elektronik komplett ab (und man kann sofort weiter fotografieren, sowie die Ersatzakkus eingelegt sind).

7.1.1 Akkutechnologien

Akkus für Digitalkameras benutzen im Wesentlichen drei Technologien zur Energiespeicherung:

- Nickel-Cadmium
- Nickel-Metallhydrid
- Lithium-Ionen

Nickel-Metallhydrid-Akkus (NiMH) besitzen eine höhere Energiedichte und zeigen einen deutlich geringeren Memory-Effekt als die älteren NiCd-Typen. Sie sind zudem deutlich umweltfreundlicher, denn sie enthalten wesentlich weniger giftige Stoffe.

Der Memory-Effekt kann tückisch sein: Werden teilentladene Akkus mehrere Male wieder aufgeladen, so „merkt" sich der Akku, dass er beispielsweise nur um 60% (von 40% auf 100%) geladen worden ist. Das führt mit der Zeit dazu, dass sich die Akkukapazität insgesamt auf diese 60% verringert. Auch ein völlig entladener Akku erreicht beim Aufladen seine Nennkapazität nicht mehr – sondern eben nur diese 60%.

Dem kann vorgebeugt werden, wenn der Akku vor dem Ladevorgang jedes Mal komplett entladen wird. So behält er auch über die Zeit seine volle Kapazität. Je nach Akkutyp und Umsicht beim Laden sind zwischen etwa 500 und 1000 Ladezyklen möglich; dann ist der Akku erschöpft.

Ein gelegentliches Wiederauffrischen – ein Entlade- Ladevorgang – empfiehlt sich bei allen Akkus so alle 5–10 Ladezyklen.

Der Lithium-Ionen-Akku zeigt die höchste Energiedichte (er liefert länger mehr Strom) und er kann schneller geladen werden. Außerdem hat er kaum mit den Problemen des Memory-Effektes zu kämpfen.

Solche Akkus lassen sich deshalb in der Praxis unkompliziert nutzen, weil der aktuelle Ladezustand keine Rolle spielt. Das Nachladen kann jederzeit geschehen, auch mit halb vollem Akku, ohne sich negativ auf die Kapazität des Akkus auszuwirken.

LiIon-Akkus zeigen zudem ein weit besseres Tieftemperaturverhalten. Während die älteren Akkutypen bei niedrigen Temperaturen regelrecht einbrechen (ein Absinken um 10° C gegenüber der Standardtemperatur von 20° C verringert die Kapazität um die Hälfte), lassen zwar auch die LiIon-Akkus etwas nach, verlieren aber bei weitem nicht so dramatisch an Kapazität.

Allerdings besitzen LiIon-Akkus ein quasi eingebautes Lebensalter – nach rund zwei bis drei Jahren werden sie, völlig unabhängig von der Benutzung, aufgrund interner chemischer Reaktionen unbrauchbar.

Batterien und Akkus können hochgiftige Schwermetalle, unter anderem Cadmium und Quecksilber, enthalten und müssen deshalb unbedingt als Sondermüll behandelt werden müssen!

7.1.2 Akkukapazität

In den technischen Daten zur Kamera finden sich Angaben darüber, welche Typen bis zu welcher Kapazität benutzt werden können. Je höher die Kapazität ist, die in Milliampere pro Stunde angegeben wird, desto länger kann mit der Kamera fotografieren werden und desto seltener müssen die Akkus ausgewechselt werden. So bietet beispielsweise ein Akku mit 1800 mAh die dreifache Kapazität gegenüber einem mit 600 mAh.

7.1.3 Standardakku

Mignon AA und Micro AAA sind die häufigsten Standard-Akkutypen, die zum Einsatz kommen und in aller Regel ist es ohne weiteres möglich, bei Verfügbarkeit höherer Kapazitäten aufzurüsten. So hat sich die weit verbreitete Größe Mignon AA in den letzten Jahren von einst 600 mAh auf heute bis zu 2200 mAh gesteigert, und diese rasante Entwicklung ist vor allem den Energieanforderungen digitaler Kameras zuzuschreiben.

Da sich aber trotz deutlich höherer Kapazität die Spannung nicht änderte, lassen sich Hochleistungsakkus auch in älteren Geräten einsetzen und verhelfen Kameras, Blitzgeräten und so weiter zu einstmals nicht geahnter Leistungsdauer.

Standardakkus mit Ladegerät Foto: Olympus

Standardakkus können folgende Vorteile für sich verbuchen:

- Standardakkus wie Mignon AA sind preiswert und werden nicht nur vom Hersteller der Kamera angeboten.
- Sie werden in verschiedenen – auch höheren – Kapazitäten angeboten.
- Ladegeräte gibt es in allen Güteklassen; darunter auch solche mit Schnellladung, Umschaltung auf Erhaltungsladung und Adaptern für die weltweite Ladung.
- Die Ersatzakkus passen nicht nur in die Kamera, sondern auch ins externe Blitzgerät, den PDA (Personal Digital Assistant) und den MP3-Player.
- Notfalls können ersatzweise Batterien benutzt werden, die sowohl weltweit wie auch sonntags an jeder Tankstelle zu bekommen sind.

7.1.4 Spezialakku

Solch technologische Sprünge bleiben herstellereigenen Akkutypen völlig versagt – mit Einstellung der Kamera besteht kein Interesse mehr, den Akku weiter zu entwickeln. Dennoch kann sich bei neueren Kameras ein Blick in die Bedienungsanleitung bzw. auf das Zubehörangebot des Herstellers lohnen. Manchmal werden neben dem Standardakku Hochleistungsvarianten mit höherer Kapazität angeboten.

Spezialakku
Foto: Nikon

Spezialakkus sind von Hersteller zu Hersteller und oft sogar von Gerät zu Gerät unterschiedlich und aufgrund dieser Vielfalt gibt es selten alternative (bessere, billigere) Angebote. Man bleibt an den Hersteller und dessen Preis- und Modernisierungspolitik gebunden.

Die Beschränkung setzt sich beim Ladegerät fort. Moderne Ladegeräte, moderne Ladetechnologien und auch Dinge wie weltweites Laden oder Laden am 12-V-Bordnetz können nicht selbstverständlich aus vielen Angeboten ausgesucht und zugekauft werden, sondern bleiben dem Engagement des jeweiligen Herstellers überlassen.

Die meisten Spezialakkus sind aus Li-Ion-Zellen aufgebaut und versprechen hohe Kapazitäten bei problemlosem Betrieb. So finden sich Schutzmechanismen gegen Kurzschluss, Überladung, Tiefentladung sowie Ladeüberwachungsfunktionen meist bereits eingebaut.

Eine Reparatur aber ist kaum möglich bzw. sehr unökonomisch und ein defekter Spezialakku muss komplett entsorgt werden. Da aber selten alle Zellen auf einmal ausfallen, sondern meist nur eine betroffen ist, ist das Ganze sehr unökologisch.

Bis auf die in der Regel hohe Kapazität und die unkomplizierte Ladeprozedur zeigt ein Spezialakku deshalb fast nur Nachteiliges:

- Man ist an diesen Akkupack, dessen Kapazität und die Preispolitik der Herstellers gebunden.
- Ein zweiter Spezialakku zur Energiesicherung ist deutlich teuer als ein Satz Standardakkus.
- Wenn das Kameramodell eingestellt wird, kann die Beschaffung eines Ersatz-Akkupacks zum Problem werden.
- Schnellladung und weltweite Ladung sind nur möglich, wenn das serienmäßige Ladegerät zur guten Sorte gehört und dies unterstützt oder wenn ein Ladegerät mit Spezialadapter angeboten wird (vom Hersteller selbst oder von einem Fremdhersteller, immer aber zu vergleichsweise hohen Kosten).
- Für die 12-V-Stromversorgung aus dem Bordnetz eines Kraftfahrzeugs oder Bootes sind gleichfalls Spezialadapter notwendig.

- Für weitere Geräte wie das externe Blitzgerät benötigen Sie andere Akkus (in der Regel Mignon) und ein zusätzliches Ladegerät.

7.1.5 Externer Akku

Es existieren weiterhin verschiedene externe Akkupacks, die einfach am Netzteilanschluss der Kamera angeschlossen werden. In der Regel bieten sie auch eine zum Teil deutlich höhere Kapazität und damit Aufnahmeanzahl als die Standardzellen.

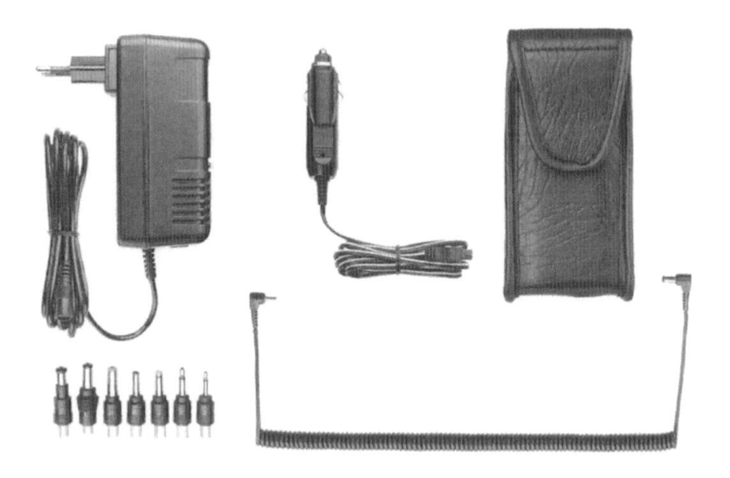

Akkupack zur Ladung per Netzteil oder Zigarettenanzünder Foto: Ansmann

Einfachere Akkupacks werden von einem Schrumpfschlauch zusammengehalten und sind nicht besonders schön. Elegantere Versionen kommen in einem Täschchen oder Kunststoffgehäuse daher.

In jedem Fall führt aber ein unter Umständen hinderliches Kabel vom Akkupack zur Kamera. Und der Akkupack muss am Gürtel oder sonst wo befestigt werden. Jedes Mal, wenn die Kamera verstaut werden soll, ist die Stromversorgung zu lösen und fürs nächste Foto muss sie wieder eingesteckt werden.

Besonders praktikable Lösungen werden unter die Kamera geschraubt, sind aber sehr teuer, da das Gehäuse des Akkupacks speziell an das Kameramodell angepasst werden muss.

Sehr viel einfacher, praktischer und auch preiswerter ist es in aller Regel, stattdessen einfach Ersatzakkus nachzukaufen.

7.1.6 Solarlader

Mit den bislang geschilderten Lösungen lässt sich ein Aufnahmetag, vielleicht auch zwei, überbrücken. Dann müssen die Akkus nachgeladen werden. Wer länger fernab des Stromnetzes bleiben wird, der muss sich etwas einfallen lassen.

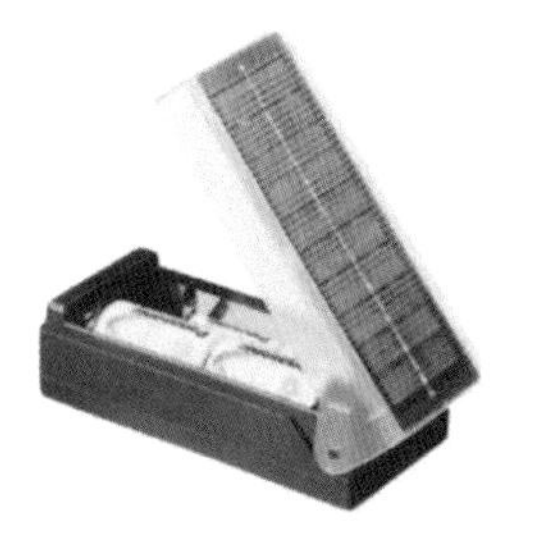

Wer wirklich völlig unabhängig sein will oder muss, für den kommt nur ein Solarladegerät in Frage. Entsprechende Lösungen lassen sich unter anderem bei Conrad Electronic oder unter www.realgoods.com finden.

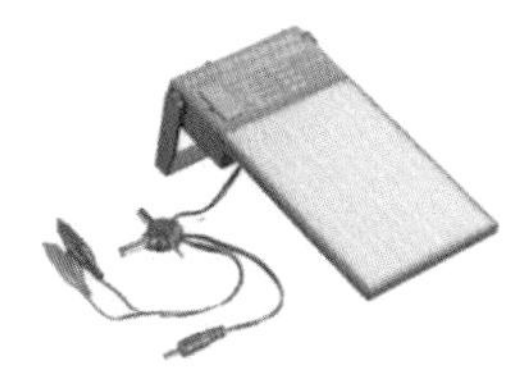

Letztlich wird es dem Versierten natürlich auch möglich sein, sich entsprechende Lösungen selbst zu basteln, die nicht nur preiswerter, sondern den eigenen Anforderungen besser angepasst sein können. Grundkenntnisse der Elektrotechnik sollten dazu ausreichen. Eine gute Anlaufstelle für Solarzellen ist beispielsweise www.conrad.de.

Ein in diesem Zusammenhang interessanter Tipp entstammt dem Internet: Suchen Sie sich an der Universität einen Studenten der Elektrotechnik: „Die sind ganz wild nach solchen Problemstellungen".

7.2 Ladegerät

Obwohl der Kamera unter Umständen ein Ladegerät beiliegt, gehört das selten zu der besseren Sorte. Meist ist es ein Einfachmodell, das lange Ladezeiten hat (bis zu zehn Stunden und mehr) und bei dem die Ladeüberwachung dem Benutzer obliegt: Er muss die Akkus fristgerecht entnehmen. Ein optimaler Ladevorgang ist so nicht gewährleistet.

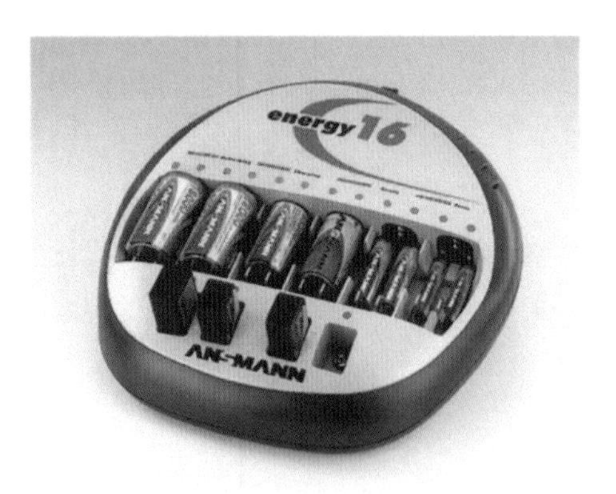

Ladegerät, das verschiedene Akkusorten perfekt lädt Foto: Ansmann

Ausnahme sind Kameras mit LiIon-Akkus, denn deren heikle Chemie bedingt auf jeden Fall ein ausgeklügelter Lademanagement.

Für Standardakkus empfiehlt sich ein spezielles Ladegerät, das nach der Vollladung automatisch auf Erhaltungsladung umschaltet und zusätzlich die Option bietet, den Akku vor dem Laden erst einmal komplett zu entladen – auch die Wiederauffrischung können heute einige Geräte automatisch erledigen.

Die Akkus werden dabei neu konditioniert und danken es mit maximaler Kapazität und Lebensdauer. Reisende sollten sich dabei auch gleich für ein Modell entscheiden, das weltweit funktioniert (120–240 Volt/50–60 Hz).

7.3 Externe Stromversorgung

Sehr viele Digitalkameras haben auch einen Netzanschluss respektive einen externen Anschluss für die Stromversorgung. Ob auf der einen Seite Strom mit 240 Volt aus dem Haushaltsnetz eingespeist wird oder 12 Volt aus der Autobatterie oder auch aus einem Akkupack ist der Kamera so lange egal, so lange die Spannung auf der anderen Seite stimmt.

Von externen Akkupacks war soeben die Rede. Sie können hilfreich sein, um die Nutzungsdauer unterwegs deutlich auszuweiten. Gleiches gilt für Bordnetzanschlüsse, die den Betrieb in Autos, Booten usw. sicherstellen.

Ladegerät und Netzteil kombiniert
Foto: Nikon

Ein Netzgerät wiederum ist praktisch, wenn im Haus lange Aufnahmereihen anstehen und die Akkus nicht ständig geladen und gewechselt werden sollen.

In jedem Fall aber sollte vorher einmal ein Blick auf den Anschluss geworfen werden. Nicht immer ist er strategisch günstig angebracht und das zur Kamera führende Stromkabel kann sich dann als mehr hinderlich denn nützlich erweisen, weil es die Bedienung beträchtlich stört.

7.4 Effektive Akkunutzung

7.4.1 Ladevorgang

- Akkus brauchen ein paar Ladezyklen, bis sie ihre volle Kapazität entfalten.
- Neue Akkus sind teilentladen oder fast leer und sollen erst einmal wirklich komplett aufgeladen werden, bevor sie benutzt werden.
- Die Selbstentladung moderner Akkus ist recht hoch. Sie verlieren innerhalb weniger Tage deutlich an Leistung und sind nach 2-3 Wochen nahezu leer; zumindest reicht es nicht mehr für die Kamera. Am besten ist es deshalb, die Akkus kurz vor jedem Einsatz frisch zu laden. Ein Ladegerät mit Erhaltungsladung und (automatischer) Wiederauffrischung ist dabei natürlich ideal.
- Akkus, die auf diese Weise ständig gefordert werden, sind spürbar leistungsfähiger als solche, die meist ungenutzt herumliegen.
- Bringt ein Akku nicht mehr seine volle Leistung, dann können mehrere Entlade-Ladezyklen (ca. 3–5) helfen: Dies konditioniert in den meisten Fällen die Akkus, so dass sie wieder mehr Leistung bringen.

7.4.2 Betrieb

Am besten ist eine reichlich bemessene Anzahl frisch geladener Ersatzakkus. Dem Fotografieren sind dann keine Grenzen gesetzt. Andernfalls können die Stromsparoptionen der Kamera genutzt werden:

- Weit gehender Verzicht auf den LCD-Monitor, stattdessen wird der Sucher benutzt.
- Kurze Zeitspanne, bis sich die Kamera ausschaltet.
- Und keine extensiven Bilderschauen der bereits gemachten Aufnahmen.

Kapitel 8

Zubehör

8.1 Blitzgerät

Bei modernen Kameras sind Kameraelektronik und Blitzgerät eng gekoppelt (so genanntes Systemblitzgerät) und bieten unter anderem folgende Funktionen:

- Automatisches Einstellen von Synchronzeit und Blende.
- TTL-Blitzlichtmessung = Blitzlichtmessung durch das Objektiv (TTL = through the lens; durchs Objektiv) mit Blitzsensor im Kameragehäuse. Vorteil: Blendeneinstellung und eventuelle Filter fließen in die Messung ein.
- Automatische Wahl von Aufhell- oder Vollblitz.
- Soweit ein motorischer Zoomreflektor im Blitz vorhanden ist, wird er auf den zur Brennweite (Bildwinkel) passendsten Ausleuchtwinkel gefahren.
- Blitzbereitschafts- und Belichtungskontrollanzeige.

Für die Steuerung dieser Funktionen sind – bei externen Blitzgeräten – weitere Kontakte im Blitzschuh der Kamera eingelassen, über die die Signalübertragung erfolgt. In der Regel verwendet der Hersteller auch einen Blitzschuh, der keiner Norm folgt.

Preiswerte Blitzgeräte mit einfacher Computersteuerung (das Blitzgerät bestimmt die notwendige Blitzleistung mit eigenem Blitzsensor, der Fotograf muss die richtige Blende voreinstellen) und normalem Mittenkontakt-Anschluss können meist nicht mehr verwendet werden.

8.1.1 Integriertes Blitzgerät

Die meisten Kameras haben einen kleinen Blitz geringer Leistung integriert, der je nach Modell unterschiedliche Funktionen (wie zum Beispiel das Aufhellblitzen) unterstützt.

Der interne Blitz der Kamera schaltet sich in Standardeinstellung bei Bedarf automatisch zu. Es ist aber auch möglich, das Verhalten zu steuern: Ständiges Blitzen (zum Beispiel als Aufhellblitz), niemals Blitzen (für die Available-Light-Fotografie) und Vorblitz.

Von Vorteil ist, dass man sein Licht immer dabei hat. Allerdings kann der kleine Blitz keine Wunder vollbringen und ist vor allem für Aufnahmen im Bereich bis etwa fünf Meter gut geeignet.

Integriertes Blitzgerät: Ideal fürs Aufhellblitzen Foto: Nikon

Beim Einsatz des integrierten Blitzgerätes sollte Folgendes bedacht und beachtet werden:

- Blitzreichweite nicht über- oder unterschreiten. Bei Überschreitung werden die Fotos zu dunkel, bei Unterschreitung zu hell.
- Sehr anfällig für den „Rote-Augen-Effekt", weil er sehr nah an der optischen Achse sitzt.
- Bei Nahaufnahmen und/oder montierter Gegenlichtblende Gefahr von Abschattungen.
- Hervorragend zum Aufhellblitzen geeignet, ansonsten eher als Notbehelf zu betrachten.

Ein beliebtes Ausstattungsdetail ist der Vorblitz gegen rote Augen: Die treten beim Blitzen dann auf, wenn sich das Blitzgerät nahe der optischen Achse befindet; das Blitzlicht fällt durch die Pupille auf die Augenrückwand, in der sich viele Blutgefäße befinden. Die Fotografierten sehen aus wie Zombies.

Durch leistungsschwächere Vorblitze soll erreicht werden, dass sich die Pupillen weiter schließen und so der Effekt roter Augen verhindert wird. Erreicht wird allerdings nur, dass die roten Augen kleiner werden, da sich die Pupillen ein wenig verengen.

Nachteil: Beim Vorblitz weiß der Fotografierte schon vor dem Auslösen, dass er fotografiert wird. vergeht rund eine Sekunde zwischen dem Druck auf den Auslöser und der Verschlussauslösung .

Kuriosum am Rande: Bei Babys und Betrunkenen wirkt der Vorblitz nicht, weil deren Reaktionen verlangsamt sind und sich deshalb die Pupillen nicht schnell genug schließen.

Nach wie vor die einzig zuverlässige Methode, rote Augen zu unterbinden, ist die Verwendung eines Blitzgerätes möglichst weit ab der optischen Achse.

8.1.2 Externes Blitzgerät

Gegenüber dem relativ leistungsschwachen eingebauten Blitzgerät bieten externe Blitzgeräte etliche Vorteile:

- Höhere Leistung und damit Blitzreichweite.
- Schwenkbare Reflektoren zur besseren Ausleuchtung.
- Die Möglichkeit, Diffusoren anzusetzen und damit weicher und gleichmäßiger auszuleuchten.
- Spezialblitzgeräte wie Ringblitz werden angeboten.

System-, Ring- und Makroblitzgeräte Foto: Minolta

Voraussetzung ist ein Blitzanschluss an der Kamera (Blitzschuh) und ein dazu passendes Blitzgerät. Hier kocht nämlich jeder Hersteller sein eigenes Süppchen und die Anschlusskontakte an Kamera und Blitzgerät müssen exakt zueinander passen.

Kompakter Aufsteckblitz
Foto: Olympus

Aufsteckblitz – Das Blitzgerät wird direkt im Blitzschuh der Kamera eingesetzt. Die Aufnahmeeinheit wird – zumal bei großen Blitzgeräten – allerdings leicht unhandlich, die Lichtrichtung ist immer frontal auf das Motiv gerichtet. Das lässt sich variieren, wenn der Blitz per Kabel oder drahtlos gesteuert „entfesselt" auf einer Blitzschiene montiert wird.

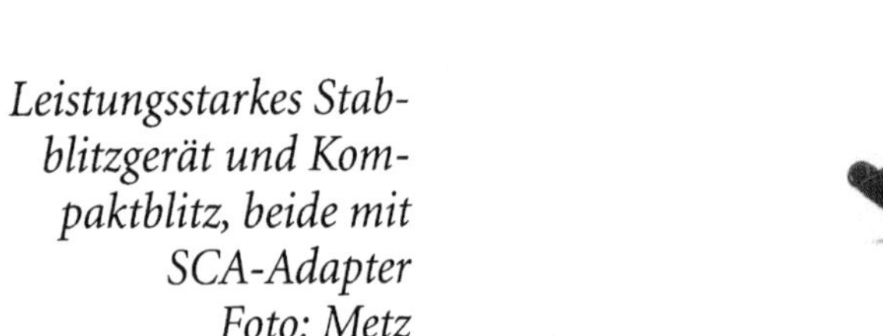

Leistungsstarkes Stabblitzgerät und Kompaktblitz, beide mit SCA-Adapter
Foto: Metz

Stabblitzgeräte – Blitzgeräte mit hoher Leistung, die nicht direkt auf der Kamera befestigt werden, sondern mit Hilfe einer Schiene neben der Kamera montiert sind. Die Verbindung erfolgt mit einem Synchronkabel, der Blitz kann auch „entfesselt", das heißt von der Kamera entfernt, eingesetzt werden.

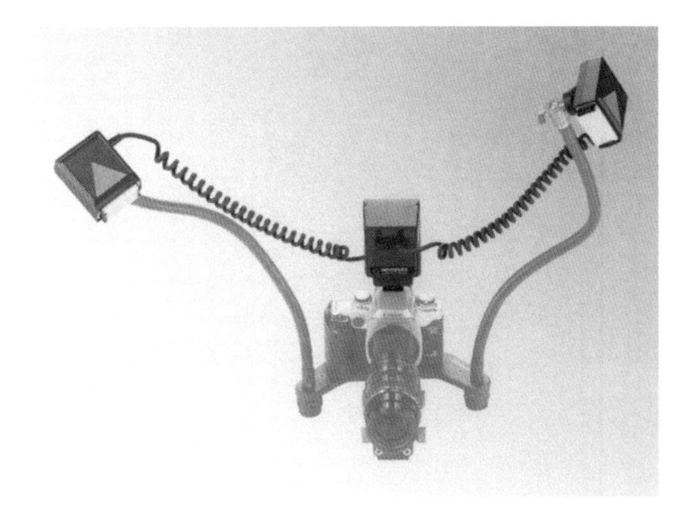

Variables Makroblitzsystem
Foto: Novoflex

Makroblitzgerät – Blitzgeräte speziell für die Nah- und Makrofotografie. Ausführung entweder als Kleinblitz, Ringblitz oder als Kaltlichtleuchte, bei der das Blitzlicht über bewegliche Lichtleiterfasern zum Objekt geführt wird.

Ringblitzgerät – Ringförmiges Blitzgerät mit mehreren Blitzröhren, das am Objektiv befestigt wird und weiches, schattenfreies Licht abgibt, das das Motiv mit hoher Detailreue zeigt. Können zwei Röhren getrennt geschaltet werden, ist auch die Lichtgestaltung in gewissem Umfang möglich.

Foto: Minolta

Stroboskopblitzgerät – Blitzgerät, das in der Lage ist, viele Blitze in schneller Folge hintereinander abzugeben – oft als Zusatzfunktion in den Spitzenmodellen der Systemblitzgeräte verwirklicht.

Studioblitzgerät – Leistungsstarke regelbare Blitzgeräte, groß wie ein Schuhkarton und größer. In der Kompaktausführung sind Generator und Blitzkopf eine Einheit, bei besonders leistungsstarken Geräten sind Blitzgeneratoren und Lampenköpfe getrennt. An den Blitzlampen können Reflektoren der verschiedensten Art vom engen Spot bis zur riesigen Lichtwanne angebracht werden.

Ein Pilotlicht erlaubt die genaue Lichtführung. Studioblitzgeräte sind netzabhängig. Für die Belichtungsbestimmung wird ein Blitzbelichtungsmesser notwendig.

Professionelles Studioblitzgerät Foto: Hensel

Studioblitzgeräte werden per Synchronkabel an die Kamera angeschlossen und für ihre Steuerung ist deshalb ein entsprechender Kabelanschluss an der Kamera notwendig.

8.1.3 Fremdblitzgerät

Foto: Cullmann

Die eben genannten verschiedenen Typen von Blitzgeräten gibt es nicht nur vom Kamerahersteller; ja manche gibt es gar nur von anderen Anbietern. Damit sich Blitz und Kamera verstehen, haben sich die Hersteller von Fremdblitzgeräten Adapterlösungen einfallen lassen, so dass ihre Blitzgeräte an nahezu jeder Kamera des Marktes funktionieren:

Entweder ist das Blitzgerät passend zur Kamera gefertigt, oder aber es hat einen wechselbaren SCA-Adapter. Damit ist es möglich, SCA-geeignete Blitzgeräte (Metz und andere) unter Beibehaltung aller Systemfunktionen an die Kameras anzuschließen.

Vorteil: Die Blitzgeräte sind entweder preiswerter oder leistungsstärker oder beides und bei einem Kamerawechsel oder einer zweiten Kamera braucht es nur einen neuen SCA-Adapter – das Blitzgerät kann weiter benutzt werden.

Die Blitzgeräte müssen dazu den Blitzgerätestandard SCA-300 (TTL-Blitzlichtmessung) oder SCA-3000 / SCA-3002 unterstützen. Dann können sie wie ein Systemblitzgerät an die Kamera angeschlossen werden.

Adapter nach dem Standard SCA-300 übertragen Blitzfunktionen wie Blitzzündung, Blitzbereitschaftsanzeige und Leistungssteuerung analog. Sie können auch an Blitzgeräten des Systems SCA-3000 / SCA-3002 montiert werden. In dem Fall stehen allerdings nur die Blitzfunktionen des SCA-300-Systems zur Verfügung.

SCA-3000-Adapter tauschen die Daten zwischen Kamera und Blitzgerät digital und unterstützen weitere Funktionen wie drahtloses Blitzen oder Kurzzeitsynchronisation.

Das System SCA-3002 ist der Nachfolger des SCA-3000-Systems und die Besonderheit dieser Adapter liegt darin, dass sie bei Bedarf mit einer neuen Software aktualisiert („geflasht") werden können.

Adapter der Systeme SCA-3000 und SCA-3002 werden für alle gängigen Digitalkameras angeboten, so dass man hinsichtlich der Blitzgeräte nicht auf das schmale Angebot des Herstellers angewiesen bleibt.

In einigen wenigen Fällen allerdings unterstützen sie nicht den vollen Funktionsumfang wie der Systemblitz des Kameraherstellers – es empfiehlt sich also, sich vorher kundig zu machen, ob alle notwendigen Funktionen unterstützt werden. Eine umfangreiche Übersicht der lieferbaren Adapter und der jeweils von Kamera und Blitzgerät unterstützten Funktionen findet sich unter www.metz.de.

8.1.4 Drahtloser Blitz

Beim drahtlosen Blitzen kann der kamerainterne Blitz ein oder mehrere externe Systemblitzgeräte drahtlos steuern, so dass mit dem Kauf eines externen Blitzgerätes neben der stärkeren Lichtleistung bereits ein richtiges kleines Lichtsystem für die Kamera zur Verfügung steht. Lässt sich doch zusammen mit dem kleinen eingebauten Blitzgerät schon eine Beleuchtungssituation mit zwei Lichtquellen aufbauen.

Wird das entfernte Blitzgerät auf Fernsteuerbetrieb eingestellt, so erhält es ein Startsignal vom eingebauten Blitzgerät, sobald der Verschluss ausgelöst wird. Durch ein zweites Lichtsignal vom internen (oder aufgesetzten) Blitz der Kamera wird das externe Blitzgerät dann wieder ausgeschaltet, sobald die TTL-Blitzlichtmessung ausreichende Belichtung signalisiert.

Besonders komfortabel wird das, wenn dabei jede Verschlusszeit benutzt werden kann. Minolta etwa – wo es drahtloses Blitzen schon am längsten gibt – erlaubt seit der Dimage 7i jede beliebige Verschlusszeit.

Besonders Porträtfotografen, aber auch Blumen- und ganz generell Naturliebhaber, die tagsüber im Nahbereich (Blitzreichweite) drahtlos Aufhellblitzen möchten, werden sich darüber freuen: Selbst bei hellstem Sonnenschein erlaubt die Kamera mit den passenden Blitzgeräten auch bei Offenblende den (drahtlosen) Blitzeinsatz und dieses entfesselte Blitzen kommt der Lichtgestaltung zugute.

8.1.5 Kurzzeitsynchronisation

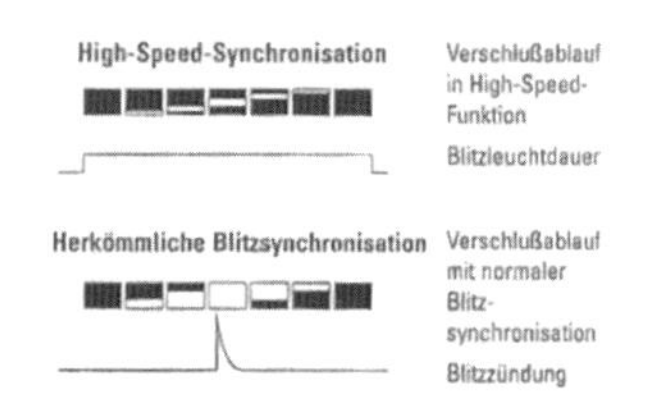

Grafik: Minolta

Einige Kamerahersteller haben die bei Schlitzverschlusskameras von der Synchronzeit gesetzten Grenzen mittlerweile aufgehoben. Bei der Kurzzeitsynchronisation sind Blitzaufnahmen mit jeder beliebigen Verschlusszeit möglich. So gelingen beispielsweise geblitzte Porträtaufnahmen selbst bei hellem Tageslicht und großer Blendenöffnung.

Bei kürzeren Verschlusszeiten als der Synchronzeit (erst ab hier ist der Verschlussvorhang komplett geöffnet) werden vom Blitzgerät eine Serie hochfrequenter Lichtimpulse abgegeben, die ein Dauerlicht simulieren und eine gleichmäßige Belichtung des gesamten Bildfeldes sicherstellen, während der Verschluss abläuft.

Aber diese Funktion ihren Preis, und der besteht in einer empfindlichen Minderung der Leitzahl (= Blitzleistung respektive Blitzreichweite).

8.1.6 Blitzen ohne Blitzlichtanschluss

Einfachere Digitalkameras haben zwar oft einen eingebauten kleinen Blitz, aber nur selten einen Blitzanschluss. Doch mit Hilfe von Zubehör können auch diese Kameras einen externen Blitz steuern: Ein Servoblitzauslöser kommt an den externen Blitz und löst ihn zeitgleich aus, wenn der interne Blitz zündet.

Bei Kameras allerdings, die vorab einen Messblitz zünden, funktioniert das nicht, weil der Servoblitzauslöser in dem Fall zu früh schon beim Vorblitz auslöst. Mit einer Vorblitzunterdrückung geht es dann aber doch: Blitzgeräte mit speziellem SCA-Slave-Adapter (SCA-3083 digital) respektive Blitzgeräte mit Vorblitz-tauglichem eingebauten Servoblitzauslöser wie der mecablitz 34 CS-2 digital lassen sich vom Vorblitz nicht irritieren und blitzen zeitrichtig.

8.1.7 Blitzleistung und Leitzahl

Bei Blitzgeräten wird die Lichtleistung als Leitzahl für eine bestimmte Empfindlichkeit (meist ISO 100/21°) angegeben. Je höher der Leitzahlwert ist, desto größer ist auch die dahinter stehende Lichtleistung.

Bei einem Vergleich von Blitzgeräten unterschiedlicher Leistung ist zu beachten, für welche Parameter die Leitzahl angegeben wird. Üblich waren: Filmempfindlichkeit ISO 100/21° und Reflektorstellung 50 mm.

Mittlerweile sind die Hersteller aber dazu übergegangen, zumindest in der Typenbezeichnung des Blitzgerätes jene maximale Leitzahl anzugeben, die sich bei Einstellung des Reflektors auf Telebrennweiten ergibt. Da hier das Blitzlicht stärker gebündelt wird, ist natürlich auch die Lichtausbeute pro Flächeneinheit größer.

So hat das Blitzgerät Minolta 5400HS eine maximale Leitzahl von 54 bei Reflektoreinstellung auf 105 mm, die sich auch in der Typenbezeichnung niederschlägt. Bei Reflektoreinstellung auf 50 mm allerdings erreicht es hingegen nur Leitzahl 42. Für die anderen Hersteller gilt sinngemäß dasselbe.

Leistungsvergleiche zwischen einzelnen Blitzgeräten sind also heute aber nicht mehr so ohne Weiteres möglich, denn der einstigen Standardangabe, die Leitzahl bei einer Filmempfindlichkeit von ISO 100/21° und einer Reflektorstellung 50 mm anzugeben folgt heute kaum mehr einer.

Der Interessent ist genötigt, bei einem Vergleich selbst dafür zu sorgen, dass die Vergleichsbasis stimmt. Entweder im Prospekt oder in der Bedienungsanleitung ist nach der Leitzahl bei 50-mm-Stellung zu fahnden.

Es bleibt zu bedenken, dass bei einer Verdopplung der Leitzahl die Lichtleistung bereits auf das Vierfache anwächst, wie sich leicht errechnen lässt (Formel siehe Anhang). Selbst relativ geringe Unterschiede – zum Beispiel Leitzahl 16 statt 11 – weisen auf erhebliche Leistungsdifferenzen hin.

8.1.8 Energieversorgung

Blitzgeräte galten einst als leistungshungrig, sind das aber im Vergleich zu Digitalkameras überhaupt nicht. Sie können ohne weiteres mit Batterien oder leistungsschwächeren Akkus betrieben werden. Mignonakkus mit 600 mAh etwa sind für Digitalkameras klar unterdimensioniert. Im Blitzgerät halten sie viele hundert Blitze lang ihre Ladung. Zu Akkus und deren Ladung mehr im vorangegangen Kapitel 7.

Trotz vergleichsweise geringem Energiebedarf ist die Wahl des Energieträgers nicht unwichtig. Wie stark sich unterschiedliche Energieträger auswirken, zeigt die mögliche Blitzanzahl pro Batteriesatz. Beispiel: Werden rund 150 Blitze mit Alkalinebatterien erreicht, so schaffen wiederaufladbare Akkus nur rund die Hälfte. Noch weniger Kapazität zeigt sich bei den billigen Zink-Kohle-Batterien, wo es nur für 50 Blitze reicht. Diese Werte können natürlich von Blitzgerät zu Blitzgerät unterschiedlich ausfallen, die Tendenz jedoch bleibt immer die gleiche. Zink-Kohle-Batterien können deshalb für den Einsatz in leistungshungrigen Energieverbrauchern (Blitzgeräte, Kameras etc.) nicht empfohlen werden. Die höchste Kapazität zeigen Alkali- und Lithiumbatterien.

Ganz anders sieht das bei den Blitzfolgezeiten aus: Dauert es beispielsweise mit voll geladenen Batterien gute neun Sekunden, bis der Blitz sich wieder betriebsbereit meldet, so ist er mit frischen Akkus bereits nach knapp fünf Sekunden wieder einsatzfähig. Kommt es also auf schnellste Blitzfolgezeiten an, sollten Akkus gewählt werden. Wenn viel geblitzt werden soll, besorgt man sich am besten gleich einen Reservepack.

Wird die höchste Leistungsabgabe des Blitzes benötigt, dann sollte über das Aufleuchten der Blitzbereitschaftsanzeige hinaus noch etwas gewartet werden, da viele Geräte sich bereits betriebsbereit melden, wenn der Kondensator erst zu etwa 75% aufgeladen ist – das macht sich bei der Angabe der Blitzfolgezeiten besser, kann aber zu einer (unnötigen) Unterbelichtung führen.

Alle modernen Blitzgeräte besitzen eine Thyristorschaltung (Restenergiespeicherung). Das heißt, überschüssige Blitzenergie verpufft nicht sinnlos, sondern wird für den nächsten Blitz gespeichert. Das schont nicht nur die Batterien und erhöht deren Lebensdauer, sondern da immer nur soviel wie nötig nachgeladen werden muss, verringert sich die Blitzfolgezeit ganz erheblich, wenn nur ein Teil der Energie für einen Blitz verbraucht wird. Und die maximal mögliche Blitzanzahl steigt.

Die benötigte Energie ist abhängig von den Parametern Aufnahmeabstand, Blende und Filmempfindlichkeit. Bei geringem Aufnahmeabstand, offener Blende und mit hochempfindlichem Film wird deutlich weniger Energie für einen Blitz verbraucht als bei ungünstigeren Konstellationen. Bei geringen Aufnahmeentfernungen bis etwa ein Meter ist durchaus geblitzte Serienfotografie möglich, denn das Blitzgerät wird so schnell nachgeladen, dass es der schnellen Bildfolge zumindest für einige Blitze folgen kann.

8.2 Blitzzubehör

Die Fotoindustrie hat sich eine Menge Gedanken darüber gemacht, wie die harte Lichtcharakteristik des Blitzgerätes verbessert werden kann und bietet durchaus sinnvolle Teile wie Blitzschirme, Blitzbälle, Reflektoren usw. an. Diese Vorsätze, streuen das harte Blitzlicht und dadurch zeigt sich eine günstigere Lichtwirkung. Zu einem externen Blitzgerät gehört deshalb fast zwingend ein Zusatzreflektor.

Wer gern experimentiert, der kann Tempotaschentücher in verschieden dicken Lagen, Tüll oder dergleichen vor sein Blitzgerät montieren, um die harte Lichtcharakteristik zu mildern.

Ambitionierte werden sich zudem eine Rettungsdecke in die Tasche packen: Als Aufheller und großer Blitzreflektor (für indirektes Blitzen) ist sie ideal: die goldene Seite für warme Töne, die silberne für kühle.

8.2.1 Blitzreflektoren

Hoch aufbauender und damit unpraktischer Reflektor Foto: Minolta

Blitzreflektoren sind für Kompakt- und Stabblitzgeräte konzipiert, deren harte Lichtcharakteristik sie in weiches Licht wandeln. Es werden die verschiedensten Modelle angeboten, die meist nach dem gleichen Prinzip funktionieren: Das Blitzlicht wird gegen eine größere, diffus weiße Fläche gerichtet abgestrahlt. Die Leuchtcharakteristik wird weicher (keine so harten Schlagschatten mehr), die Lichtgestaltung deutlich verbessert.

Billige und teuere Blitzgeräte unterscheiden sich zwar sehr wohl hinsichtlich Leistung und Ausstattung, nicht aber bezüglich der Lichtqualität. Jedes Modell profitiert von einem Reflektor.

Ein Reflektor kann ebenso schnell aufgespannt wie zusammengefaltet werden und nimmt in der Fototasche kaum Platz weg.

Sicher wird das Blitzgerät mit dem zusätzlichen Aufsatz etwas unhandlicher und ist auch nicht ganz so schnell betriebsbereit. Die Ergebnisse, die solchermaßen erzielbar sind, entschädigen allerdings bei weitem für die kleine Mühe.

Nicht ganz billig, aber wirklich gut durchdacht sind die Blitzreflektoren von Lumiquest (www.lumiquest.com, Deutschlandvertrieb www.gbb-gmbh.de). Das Lumiquest System besteht aus mehreren Reflektoren; jeder mit einer eigenen, etwas anderen Lichtcharakteristik. Die wichtigsten dieser Reflektoren sind im Promax System enthalten, das aus einem Grundreflektor und mehreren Aufsatzfolien besteht.

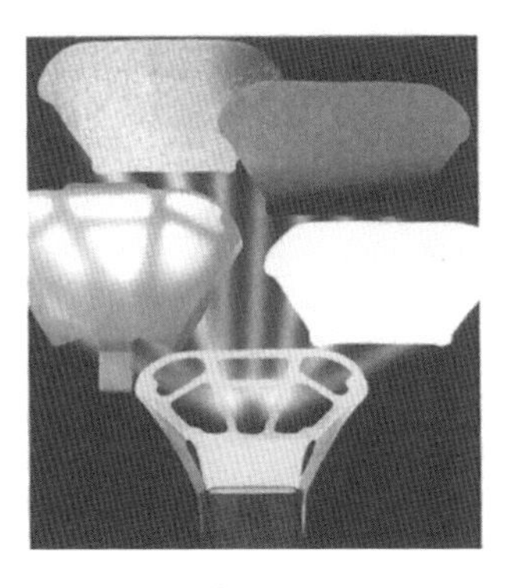

Foto: Lumiquest

Aus dem Reflektor 80/20 (der 20% des Lichts direkt abgibt; 80% indirekt über die Decke leitet) lassen sich so mit wechselbaren Gold-, Silber- und Neutralweißfolien sowie einem mattierten Diffusorschirm verschieden wirkende Reflektoren (bis hin zur kleinen Softbox) und damit Lichtcharakteristiken erzeugen.

Während die goldfarbene Folie ein warm getöntes Licht abgibt und sich dementsprechend für Personenaufnahmen eignet, da der Hautton angenehmer wiedergegeben wird, nutzt man die silberne Folie für Sachaufnahmen, denen ein etwas kälteres Licht meist gut bekommt.

Eingesetzt werden sollte es an einem nicht allzu leistungsschwachen Blitzgerät (mindestens Leitzahl 35), denn der Lichtverlust durch den Zusatzreflektor liegt bei etwa einer Blendenstufe; wird der Diffusorschirm zusätzlich vorgesetzt, so beträgt der Lichtverlust gar zwei Blendenstufen.

8.2.2 Winkelschiene

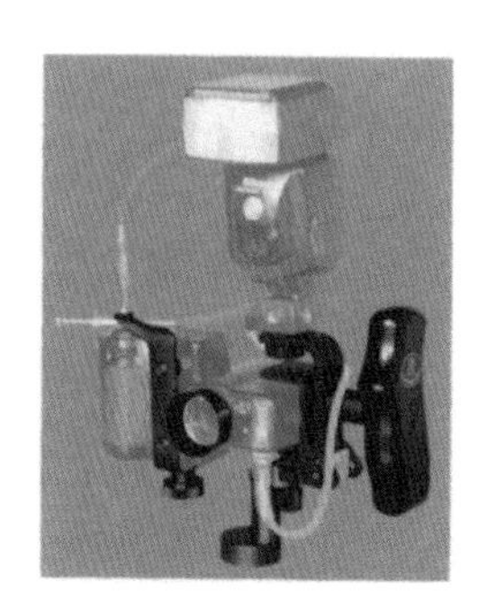

Mit einer Winkelschiene lassen sich Kamera und Blitzgerät zu einer stabilen Aufnahmeeinheit verbinden, die dank des ergonomisch geformten Griffs ruhig und sicher in der Hand liegt. Die Verbindung von Blitzgerät und Kamera übernimmt ein Synchronkabel.

Neben universellen Modellen, die an mehr oder weniger jede Kamera passen, werden teilweise auch Spezialanfertigungen für bestimmte Kameramodelle angeboten:

Winkelschienen sind grundsätzlich hilfreich: In der Available-Light-Fotografie werden durch die ruhige Kamerahaltung Verwacklungsunschärfen vermieden, bei Blitzlichteinsatz ist die Kombination aus Blitzgerät und Kamera sicher zu beherrschen.

Durch die seitliche Montage des Blitzes im integrierten Blitzschuh ergibt sich darüber hinaus eine verbesserte, plastische Ausleuchtung. Zudem können mit dieser Anordnung auch die gefürchteten „roten Augen“ verhindert werden, die sich bei frontaler Anordnung des Blitzgerätes gerne zeigen.

8.3 Tragegurt

Ein Tragegurt ist praktisch, um die weitgehend aufnahmebereite Kamera um Hals oder Schulter zu tragen und dann schnell zu greifen. Für mittellange Strecken (wie immer jeder das für sich definiert) ist das sicher eine gut geeignete Trageart. Auf kurzen Strecken empfinde ich es als angenehmer, die Kamera am ausgestreckten Arm baumeln zu lassen. Für ganz lange Strecken ist die Kameratasche der bessere Ort.

So bequem Gurte für den Transport der Kamera sind, so hinderlich sind sie beim Fotografieren. Gegenüber der Taschenaufbewahrung bieten sie den Vorteil, dass die Kamera schneller griffbereit ist. Allerdings hängt beim Fotografieren der Gurt nutzlos und störend herum. Da ist es praktisch, wenn der Gurt für längere Aufnahmeserien abnehmbar ist.

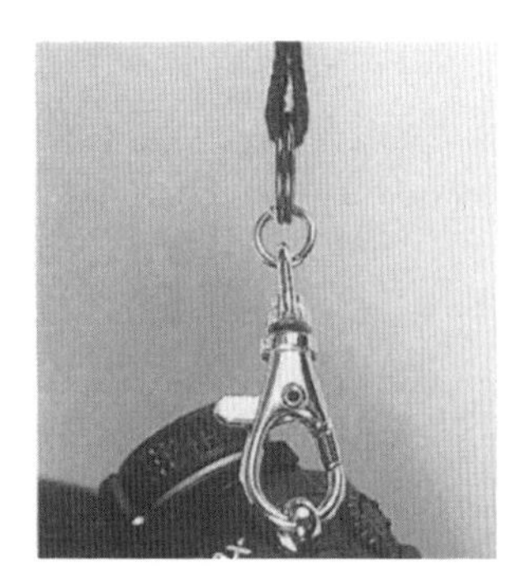

Leider lassen sich weder der mitgelieferte noch die meisten käuflichen Tragriemen wirklich schnell und problemlos wechseln. Selbst jene mit Schnellkupplung belassen oft ein mehr oder weniger großes Teilstück an der Kamera – das dann wieder im Weg baumelt.

Abhilfe: Zwei kleinere Karabinerhaken werden am Tragriemen angebracht. An die Kamera kommen die kleinen Splintringe des Originalgurtes: Der Gurt lässt sich jetzt im Nu an- und abnehmen.

Und vor allen Dingen: So lässt sich für wenig Geld aus jedem vorhandenen Gurt ein Schnellwechselgurt machen.

8.4 Stativ

Ein Stativ ist nicht nur die Garantie für wirklich scharfe Aufnahmen; mit dermaßen beruhigter Kamera lässt sich das Motiv auch besser komponieren. Viele Profis fotografieren nahezu ausschließlich vom Stativ, weil sie maximal scharfe Aufnahmen möchten.

Nun ist Freihandfotografie auch sehr spannend und manche Motive können gar nicht anders fotografiert werden, aber folgende Überlegungen geben zum Nachdenken Anlass:

Längere Verschlusszeiten als 1/1000 s ergeben Verwacklungsunschärfen. Der menschliche Puls erschüttert den Körper 1/10 s lang mit 200 Mikron (= 0,2 mm), was bei einer Verschlusszeit von 1/250 s einem Auflösungsverlust von 22% gleichkommt (78 L/mm bei einem System, das sonst 100 L/mm auflösen kann). Bei 1/125 s Verschlusszeit reduziert sich die Auflösung auf 53 L/mm – 47% der Qualität, die Sie teuer bezahlt haben, löst sich in nichts auf (nach John B. Williams: Image Clarity, Seite 191).

Diese Eigenbewegung des Fotografen wird immer wieder unterschätzt, und nicht selten wird das Fotografengarn gesponnen, bei ruhiger Hand könne leicht noch die achtel Sekunde aus der Hand belichtet werden. Das ist sicher auch richtig so, nur ob das Foto hinterher auch scharf ist, darf doch sehr bezweifelt werden. Hier spielt natürlich die spätere Nachvergrößerung eine große Rolle. Auf einem Miniformat werden Unschärfen überhaupt noch nicht zu erkennen sein, die das große Foto unbrauchbar machen.

8.4.1 Stabilität

Bei einem Stativ sind mehrere widersprüchliche Ansprüche unter einen Hut zu bringen; dann zumindest, wenn das Stativ nicht nur im Studio, sondern zusätzlich oder ausschließlich unterwegs benutzt werden soll.

Einerseits soll es klein und leicht sein, damit es beim Transport nicht sonderlich belastet. Andererseits soll es stabil sein, damit die Aufnahme auch gelingt, denn sonst hätte man es gar nicht erst schleppen müssen.

Wer diese beiden Anforderungen bestmöglich unter einen Hut bringen möchte, der wird zu einem Carbonstativ greifen müssen. Und wird viel Geld ausgeben. Carbonstative sind etwa 25% leichter als vergleichbare Alu-Modelle, aber leider doppelt so teuer.

Manfrotto-Stativ: Preiswert, solide, stabil und sehr durchdacht

Doch bei einem Stativkauf sind deutliche Einsparungen möglich, ohne dass dies zu Lasten der Stabilität geht oder mit erhöhtem Gewicht erkauft werden muss.

Arbeitshöhe: Viel Geld – und zudem Gewicht – lässt sich sparen, wenn die Arbeitshöhe beschränkt wird. Geht man davon aus, dass ein Stativ nur bis Augenhöhe eingesetzt werden muss, und dass Kamerakopf und Kamera noch 20 cm Höhe bringen, dann genügen je nach Körpergröße 140–170 cm Arbeitshöhe (Basketballspieler einmal ausgenommen). Soll der Lichtschacht von oben eingesehen werden, dann dürfen es sogar noch weniger sein.

Tragfähigkeit: Manche Kamerahersteller geben sie mit guten Gründen an, andere verzichten aus ebenso Gründen darauf. Denn die Tragfähigkeit kann nur ein erster Hinweis auf die Stabilität sein, mehr nicht. Ein Stativ mit 6 kg Tragfähigkeit, auf dem eine 5,9 kg schwere Kamera montiert ist, kann nämlich in der Gesamtheit durchaus stabiler sein als ein Stativ mit 12 kg Tragfähigkeit, das nur mit 1,2 kg belastet wird.

Das gilt zumindest für transportable Stative. Irgendwann ist natürlich der Punkt erreicht, wo ein Stativ so schwer und massig ist, dass es unbeeindruckt vom zusätzlichen Gewicht einfach nur steht. Bestes Beispiel: Studiostative. Die wiegen aber auch ein paar Zentner und lassen sich weniger gut tragen.

Sehr stabile und doch leichte Carbonstative Foto: Gitzo

Einfluss auf die Stabilität hat auch die Anzahl der Segmente; üblich sind zwei, drei oder gar vier Teilstücke pro Schenkel. Je mehr dieser Segmente vorhanden sind, desto instabiler wird das Stativ, je weiter es ausgefahren wird, denn um so zartgliedriger werden die Teilstücke.

Die meisten Stative benutzen zur Höhenverstellung eine Klemmung direkt an den Segmenten. Es ist aber eine Sache, einmal probehalber beim Händler eine Arretierung zu lösen, das Segment auszufahren, und dann wieder zu arretieren. Und eine ganz andere, das bei montierter Kamera an drei Beinen und drei oder vier Segmenten vorzunehmen.

Bleibt die Frage nach der notwendigen Stabilität. Es gibt ja nur einen einzigen Moment, wo es stabil sein muss, und wo gleichzeitig diese Stabilität bedroht ist: beim Auslösen. Hier können Einflüsse von außen (Wind, Vibrationen), aber auch die Verschlussauslösung selbst die Aufnahmeeinheit ins Wanken bringen. Und das kleinste Wanken bedeutet Unschärfe, außer die Verschlusszeit ist schnell genug, aber dann braucht es kein Stativ.

Natürlich sollte das Stativ so bemessen sein, dass es die Kamera gut trägt und soweit stabilisiert, dass scharfe Aufnahmen möglich sind. Andererseits muss das Stativ auch nicht mehr können – es muss nicht überdimensioniert und damit schwerer und teurer sein als eigentlich notwendig.

Im Fall des Falles (Wind, Schall, Erschütterungen) können weitere Maßnahmen eingeleitet werden, die Aufnahmeeinheit zu stabilisieren. Dazu gehören das kräftige Auflegen der Hand, das Beschweren mit der Stativtasche und die Spiegelvorauslösung.

Nicht unterschätzt werden sollte der Aspekt der Anmutung. Je nach persönlicher Einstellung macht eher ein elegantes oder ein bulliges Stativ an (das hat nichts mit der Stabilität zu tun) – und da die richtige Einbildung viel vermag, trägt es sich dann auch leichter.

8.4.2 Ausführungen

Das Stativangebot ist sehr vielfältig und reicht vom kleinen Tischstativ mit wenigen Gramm Gewicht bis zum Studiostativ, das mehrere Zentner auf die Waage bringt. Je nach Aufgabenstellung wird man zwischen folgenden Stativtypen wählen:

Dreibeinstativ – dieses Stativ erlaubt Aufnahmehöhen zwischen etwa 0,50 und 2,10 Meter. Ebenso wie der Stativkopf sollte die Stabilität dem Gewicht der Kamera angepasst sein. Wird des Öfteren in Bodennähe fotografiert, sollten die Beine weit abspreizbar und in dieser Stellung arretierbar sein.

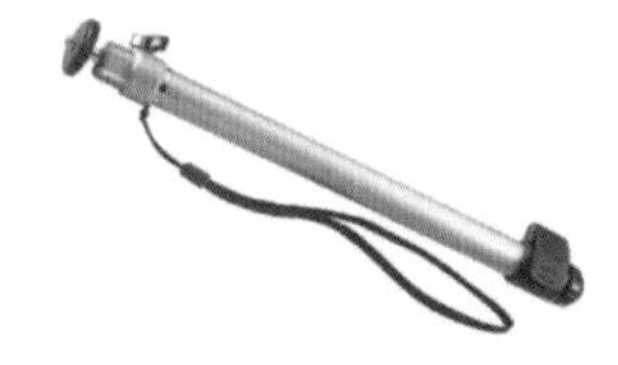

Einbeinstativ – es stützt die Kamera gut ab, erhält dabei jedoch weitgehende Bewegungsfreiheit. Es wirkt etwa so wie ein Bildstabilisator auch: Rund 2–3 Blendenstufen länger kann man damit „Freihandfotos“ machen ohne zu verwackeln. Auch hiervon werden Carbonvarianten angeboten, wobei weniger die Gewichtsersparnis als das edle Aussehen überzeugt.

Foto: Cullmann

Ministativ – Eine kleines Stativ, auch Tischstativ genannt, das auf jeden Fall schon mal besser ist als gar nichts und das sogar erstaunlich stabil sein kann. Ein Tisch oder eine andere Auflagefläche zur Höhenanpassung findet sich oft.

Manche Modelle lassen sich zudem als Bruststativ benutzen, um die Kamera auch bei Freihandaufnahmen (bei wenig Licht) zu stabilisieren.

Foto: Novoflex

Klemmstativ – kann mit einer Klemmschraube an Rohren, Ästen, Zäunen, Autos usw. vielfältig befestigt werden.

Saugstativ – haftet auf glatten Flächen durch ein Vakuum, das durch Umlegen eines Hebels aufgebaut wird. Funktioniert so, wie manche Brotschneidemaschinen auch.

Schulterstativ – wird besonders mit längeren Brennweiten benutzt, um die Aufnahmeeinheit bequemer und ruhiger halten zu können.

Bohnensack – der „bean bag“ ist eine Art Kissenhülle aus Leder, Leinen oder ähnlichem Material, die mit Bohnen (oder ähnlich nachgiebig-festem Material) gefüllt wird. Praktisch, um die Kamera darein zu knautschen, denn Beutel und Kamera können dann an den unmöglichsten Orten stabilisiert werden: zwischen Astgabeln, auf Steinen, im Sand…

Aus einer mitgeführten Plastiktüte (respektive einer Leinentasche für die Umweltbewussten) lässt sich so ein Bohnensack auch auf die Schnelle basteln: In die Tüte wird soviel Sand, Reis, Bohnen, Steinchen oder Vergleichbares gefüllt (wer hat schon immer just Bohnen greifbar?), dass sich die Kamera samt Objektiv sicher auf dem gefüllten Beutel positionieren lässt.

8.4.3 Stativkopf

Kopflos ist ein Stativ wenig wert. Denn der Stativkopf entscheidet, ob das Anvisieren des Motivs und das millimetergenaue Einjustieren zur Qual werden oder zur reinen Freude.

Foto: Gitzo

Bei der Auswahl des richtigen Kopfes ist zunächst eine grundlegende Entscheidung zwischen Neiger und Kugelkopf zu treffen. 3D-

Neiger bieten drei Freiheitsgrade (vertikale und horizontale Neigung, Drehung), während sich 2D-Neiger (Videoneiger) auf vertikale Neigung und Drehung beschränken. Bei beiden lassen sich die Achsen separat und damit feinfühlig und genau verstellen.

Es kann allerdings auch vorkommen, dass für eine einzige Einstellung bis zu drei Klemmungen zu lösen und wieder zu arretieren sind. Das Neigen der Kamera nach vorne links etwa bedingt das Lösen mindestens zweier Achsen. Da fehlt dann bei schweren Kameras die dritte Hand, um die Kamera festzuhalten, oder aber die Achsen müssen einzeln verstellt werden – was leicht in Fummelei ausarten kann.

Foto: Linhof

Mit einem Kugelkopf dagegen kann nach Lösen nur einer Arretierung die Kamera schnell in jede Position geschwenkt werden. Für die meisten Motivgebiete empfiehlt er sich deshalb als die bequemere Variante.

Viele Kugelköpfe bieten eine an sich sinnvolle Friktionsklemmung (= Vorklemmung). Damit wird die Leichtgängigkeit der Kugel dem Kameragewicht so angepasst, dass satt, aber doch leichtgängig und damit sehr feinfühlig verstellt werden kann.

Bei bewegten Motiven allerdings kehren sich die Vorteile des Kugelkopfes in Nachteile um: die definierte Änderung nur einer Richtung ist kaum möglich. Sport-, oder auch Tierfotografen tun deshalb gut daran, entweder ein Einbeinstativ zu benutzen (soweit das möglich ist), oder aber einen Neiger einzusetzen, der das Verfolgen des Motivs erleichtert. Und hier zeigt sich dann, dass der 2D-Neiger in der Regel die bessere Wahl ist, denn er ist für die Anforderungen der Videofahrt konzipiert. Solche Fluidköpfe lassen sich sanft und gezielt nachführen.

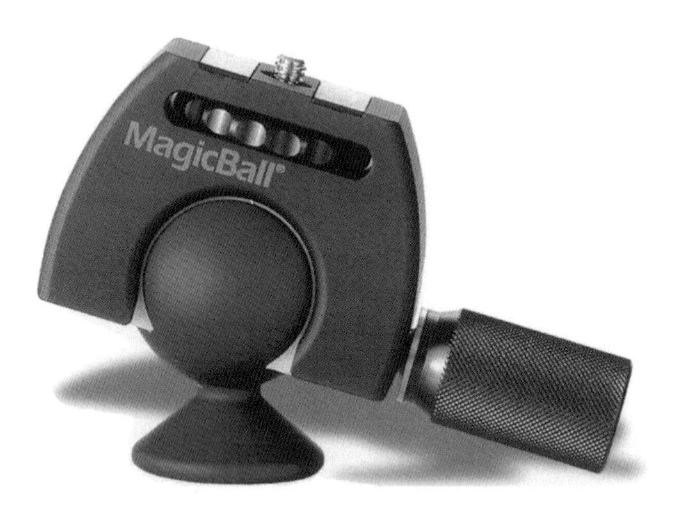

Foto: Novoflex

Das nächste Augenmerk gilt Funktionalität, Stabilität und Gewicht. Ausreichend stabil soll er sein, der Kopf, um das Gewicht der Kamera sicher zu tragen. Alle Anbieter haben unterschiedlich große (und damit tragfähige) Modelle im Programm. Und auch hier tut sich Neues: So wie Carbon als Material der Wahl zur Gewichtsreduzierung bei Stativen eingesetzt wird, taucht jetzt vermehrt Magnesium zum selben Zweck bei Köpfen auf, und verspricht gegenüber vergleichbaren Konstruktionen eine Gewichtsreduzierung um 20 Prozent.

Weiter soll sich die Kamera möglichst sanft und ruckfrei verstellen und dann wieder fixieren lassen. Das ist so banal nicht, wie es klingt. Stimmt nicht alles auf den Punkt, dann „klebt" die Kamera nach dem Lösen in der alten Position und kommt nur durch einen übermäßigen Ruck frei – die geplante feinfühlige Verstellung muss von vorne begonnen werden. Ist die Position festgelegt, dann kommt der nächste Prüfstein: Gelingt es, die Kamera sicher zu fixieren, ohne dass sich die Position verändert?

Bei schlechten Köpfen wird das zum Ratespiel und zu mühseliger Fummelei: „Wie muss ich die Position beim Fixieren bemessen, damit sich die Kamera nach dem Anzurren in der Position wieder findet, die ich gerne hätte?"

Gute Stativköpfe wie die von Arca Swiss, Linhof oder Novoflex dagegen machen aus der sonst oft mühseligen Einstellung eine schnelle Handbewegung: Lösen – einrichten – klemmen. Passt.

Bei Panoramaaufnahmen ist ein so genannter Panoramakopf hilfreich, der mit Gradskala und Wasserwaage das Ausrichten der Kamera und die Aufnahmeüberlappung vereinfacht.

8.4.4 Schnellkupplung

Eine Schnellkupplung ist ein Muss für zügiges und bequemes Fotografieren, kann die Kamera mit ihrer Hilfe doch sehr schnell an- und abmontiert werden. Zudem wird bei häufigem Stativeinsatz das Stativgewinde der Kamera nicht jedes Mal aufs Neue belastet.

Das Prinzip ist immer das gleiche: An den Gehäuseboden der Kamera wird eine mehr oder weniger große Platte geschraubt, die dann in eine Aufnahmeplatte auf dem Stativkopf einrastet und die Kamera mehr oder weniger sicher fixiert. Etliche Hersteller bieten ihre Köpfe in zwei Varianten an – mit oder ohne integrierte Schnellkupplung.

Foto: Novoflex

Das Hauptproblem aller Kupplungen ist der Kontaktschluss zwischen Kameraplatte und Kamera. Das ist nicht nur der Schnellkupplung anzulasten, sondern hängt auch davon ab, wie die Kameraunterseite gestaltet ist. Große, ebene und griffige Flächen an der Kamera begünstigen den Kontaktschluss; die Mittelformat-Würfel sind diesbezüglich ideal. Kleinbild- und kleinbildähnliche Mittelformatkameras bieten der Kupplungsplatte deutlich weniger Halt, und halten meist auch schlechter. Die Hersteller versuchen deshalb mit Kork- oder Gummiauflagen, die Haftung zu verbessern.

Schnellkupplung von Manfrotto

Jeder Hersteller bietet Kupplungsplatten mit 1/4 Zoll und 3/ 8 Zoll Gewinde an. Manche Hersteller (Arca Swiss, Hama) bieten gar verschieden große Kupplungsplatten an, so dass die zur Kamera passende gewählt werden kann.

Im Gegensatz zu einer ins Gehäuse integrierten Kupplungsplatte, wie sie beispielsweise Rollei, Hasselblad und einige Mamiya-Modelle bieten, tragen externe Lösungen naturgegeben deutlich mehr auf.

Allen, die mit großen Kupplungsplatten nicht zurecht kommen, weil die Kameraunterseite schmal ist, sei das Kupplungssystem von Manfrotto empfohlen, das bei sehr hoher Haltekraft klein und preiswert ist.

8.5 Transport und Aufbewahrung

Für Kompaktkameras ist eine kleine Tasche für Kamera und Speicher sowie Ersatzakkus völlig ausreichend. Wer es klein und elegant mag, dem genügt ein Etui, wie es die Kamerahersteller eigens für das jeweilige Modell gefertigt anbieten.

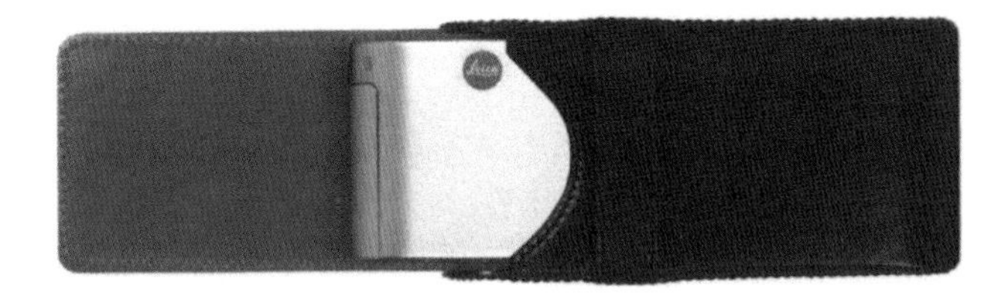

Foto: Leica

Umfangreichere Ausrüstungen werden in einer guten Fototasche oder einem Fotokoffer aufbewahrt. Bei großer Ausrüstung empfiehlt es sich, Aufbewahrung und Transport zu trennen: Aufbewahrt werden alle Geräte übersichtlich und griffbereit im Schrank, in Stapelkisten oder dergleichen. Für die Fototour werden dann nur die jeweils benötigten Zubehörteile eingepackt. Für den Tagesausflug braucht es weniger als für die Weltreise.

8.5.1 Kamerakoffer

Ein Kamerakoffer empfiehlt sich dann, wenn extreme Anforderungen an den Schutz gestellt werden, beispielsweise weil eine längere Reise in die Tropen ansteht oder auch, weil die Ausrüstung oft im Kofferraum zwischen all dem anderen Gepäck verstaut wird. Dann allerdings sollte es ein wasserdichter (nicht nur wassergeschützter!), stabiler sein.

Dabei sind hochwertige Kamerakoffer nicht teurer als Fototaschen, sondern eher sogar noch preiswerter. Sehr empfehlenswerte Koffer stellt die Firma Rimowa her, denn deren Koffer sind wirklich wasserdicht und sehr stabil, dazu recht preiswert.

Rimowa Kamerakoffer

Den modischen Ausführungen in dunklen Farben ist ein einfacher Alukoffer vorzuziehen, da er das Sonnenlicht gut reflektiert und sich deshalb nicht so stark aufheizt. Wichtig ist das in den Sommermonaten bei uns und in tropischen Regionen ganz allgemein.

8.5.2 Fototasche

In der Mehrzahl aller Fälle sind Taschen besser geeignet als Koffer, weil sie sich bequemer tragen lassen, nicht so stark an der Hüfte scheuern und auch nicht ganz so schwer sind wie ein vergleichbarer Koffer.

Es gibt eine Unzahl an Kamerataschen und für jeden Geschmack findet sich das Passende von rustikal bis elegant. Da sollte sich doch eigentlich für jeden die passende Tasche finden. Sieht man aber genauer hin, erfüllt kaum eine Tasche die grundlegenden Anforderungen, die so hoch doch gar nicht sind:

Die Ausrüstung soll schnell zugriffsbereit, einfach abzulegen und zu entnehmen sein. In geschlossenem Zustand soll die Tasche die Ausrüstung gegen Unbilden schützen. Und sie soll sich gut tragen lassen.

Genau das ist es, was im Prospekt jeder Taschenhersteller verspricht, und was in der Praxis keiner halten kann. Dabei sind die Teillösungen zum Teil perfekt – nur alle in einer Tasche vereint, das fehlt. Im Prospekt ist viel von den hervorragenden Materialien die Rede, aber das beste ballistische Nylon (wie es auch für kugelsichere Westen benutzt wird) nützt wenig, wenn Nahtstellen undicht sind oder Löcher am Deckelansatz offen stehen.

Selbst bei Schönwetter soll die Tasche nicht nur gegen Stöße schützen, sondern den Inhalt abschotten. Man denke an wehenden und rieselnden Sand am Strand, an hohe Luftfeuchtigkeit und Gischt. Die Stunde der letzten Wahrheit schließlich schlägt, wenn das Wetter umschlägt.

Von einer Tasche ist sicher nicht völlige Wasserdichtheit zu erwarten. Aber einen leichten Regenschauer, besser einen Sturzregen, und am allerbesten einen kräftigen Sturm (Sand, Regen, Schnee), sollte die Ausrüstung unbeschadet überstehen.

Besonders kritisch ist die Taschenunterseite: während Wasser von oben abperlen, und der Fotograf die Tasche recht einfach schützen kann (auch wenn das nicht eigentlich seine Aufgabe sein sollte), drückt das Gewicht der abgesetzten Tasche Feuchtigkeit ins Innere. Die beliebten Stellfüße helfen da wenig, denn sie sind kurz und die schwere Ladung drückt die Tasche dennoch ins Nasse.

Fotorucksack für fotografierende Wanderer
Foto: Loewe

Jede Tasche kann schnell in die Verlegenheit kommen, solche Anforderungen erfüllen zu müssen, etwa bei einer Wanderung im Watt oder Frühtau.

An eine Segeltour mit der Jolle ist bei den meisten nicht zu denken: Die Tasche findet aufgrund der beengten Platzverhältnisse nur auf dem Boden Platz – und da dümpelt Seewasser und drückt von unten ins Tascheninnere. Kommt Gischt über die Bordwand, ist die Rundum-Dusche perfekt. Erstaunlich, wie wenige Taschen die Ausrüstung hierbei perfekt schützen würden.

Die im Prospekt hochgelobten professionellen Taschen mögen haltbarer sein als ihre preiswerten Amateurvarianten, besser gegen Umwelteinflüsse schützen sie nur bedingt. Eine nasse Ausrüstung bekommt man auch schon für wenig Geld.

Bislang bleibt meist nur der Ausweg, einen Müllsack mit einzupacken (es ist von Vorteil, wenn der unbenutzt ist). Dieser Pfennigartikel vermag, was die meisten teuren Profitaschen nicht leisten: Die Ausrüstung perfekt vor Wetterunbilden abzuschirmen.

Im Augenblick sind zwei vorherrschende Tendenzen auszumachen: Eher steife Konstruktionen mit ausgefeiltem Innenraummanagement einerseits (Outdoor-Taschen), weiche Taschen mit einfachem Teilersystem (aber nicht notwendigerweise weniger Fassungsvermögen) und meist etwas geringerer Schutzfunktion gegen Wetterunbilden (Reportertaschen) andererseits. Viele Hersteller bieten beide Varianten an.

Britische Tasche mit hervorragenden Schutzeigenschaften Foto: Billingham

Es ist nicht ganz einfach, die richtige Taschengröße zu finden. Eine bereits vorhandene Tasche (auch wenn's die falsche ist) erzählt sehr viel über die tatsächlich notwendige Größe, der Rest ist durch Überlegen und Nachmessen (Datenblatt) recht gut in den Griff zu bekommen. Im Zweifelsfall darf die Tasche ruhig ein wenig zu groß sein, denn auch das größere Modell ist kaum schwerer, und bietet Handlingvorteile (freie Fächer, unter anderem zum Ablegen des eben abgenommenen Objektivs).

Sehr gut zu tragen und zu packen: Fototasche von Domke

In schmalen Taschen lassen sich hohe Gewichte eng am Körper tragen und ziehen nicht so nach außen weg. Ganz abgesehen davon, dass schmale Taschen an Engstellen (Wendeltreppen, Eisenbahn, Flugzeug) und in der Menschenmenge weit weniger behindern.

Sehr zu empfehlen sind gute Rückentragegurte. Die sind zwar kein vollwertiger Ersatz für einen Fotorucksack, aber die Tasche trägt sich damit doch weit angenehmer über längere Strecken, weil die Last gleichmäßig auf beide Schultern verteilt wird. Das ist für das Durchqueren weitläufiger Flughafenhallen ebenso hilfreich wie für kurze bis mittlere Wanderungen (ein bis vier Stunden).

Hier die wichtigsten Punkte, die eine gute Tasche ausmachen: Natürlich muss die Tasche groß genug sein, damit die Kamera samt Zubehör hineinpasst. Etwas zu groß schadet nicht, denn ein neues Objektiv oder Blitzgerät hat man oft schneller als man denkt.

Alle Reißverschlüsse sollten unter überlappenden Klappen angenäht sein, damit kein Wasser von oben eindringen kann. Eine völlig wasserdichte Tasche kann es natürlich nicht geben, aber es sollte zumindest eine so gut geschützte Tasche sein, dass die Ausrüstung auch bei einem ordentlichen Regenschauer trocken bleibt. Nur dann können Sie die Kamera auch an den Tagen unbesorgt mitnehmen, an denen sich wieder einmal der Himmel bedrohlich bewölkt.

Wer auf seinen Expeditionen Wasserdichtheit verlangt, der findet leichte und klein zusammenlegbare Packsäcke in unterschiedlichen Größen im Angebot von Ortlieb (www.ortlieb.de), in denen die Kameratasche während der Kanutour absolut wasserdicht – und schwimmfähig – aufbewahrt werden kann.

Eine variable Inneneinteilung mit Klettbandbefestigung ist am vielseitigsten. Gute Schaumstoffpolsterungen zum Schutz gegen Stoß und Fall sind eigentlich bei allen Modellen Standard.

Was die Inneneinteilung angeht, gilt es, den eigenen Charakter zu bedenken: eher chaotisch organisierte Naturen, sind mit einer nicht so durchorganisierten Tasche besser bedient: Alles wird reingestopft, und auch schnell wieder gefunden. Ordentliche Naturen dagegen sollten sich für eine Tasche entscheiden, die viele Netze, Untereinteilungen und Innentaschen hat, damit jedes Kleinteil seinen festen Platz findet.

Bei vielen Taschen ist der Handgriff am Taschendeckel vernäht und kann nur benutzt werden, wenn der Deckel verschlossen wird. Das ist sehr unpraktisch, denn just für die kurzen Transportwege muss die Tasche besonders gut verschlossen werden. Etwa dann, wenn der Aufnahmestandort um ein paar Schritte verlagert werden soll. Da nimmt man die Tasche doch lieber wieder am Schultergurt; das geht schneller. Der Handgriff wird nahezu überflüssig. Besser ist ein separat angebrachter Handgriff, mit dem die Tasche auch dann gegriffen werden kann, wenn der Deckel offen steht oder nur lose übergeworfen ist.

Der Taschenboden sollte versteift sein, dann lässt sich die Tasche auch mit einer schweren Ausrüstung noch gut tragen und hängt nicht durch.

Im Zweifelsfall darf die Tasche ruhig ein wenig zu groß sein, denn auch das größere Modell ist kaum schwerer, und bietet Handlingvorteile wie freie Fächer, die unter anderem als schnelles Zwischenlager zum Ablegen des eben abgenommenen Zubehörteils wie Akku oder Speicherkarte dienen können.

Zwei Taschenserien, die sich in meiner Praxis sehr bewährt haben, sind Billingham (sehr robust und auch bei Dauerregen wirklich von allen Seiten dicht) und Domke (sehr anschmiegsam und damit gut packbar und tragbar), leider sind beide nicht eben billig.

8.6 Reinigung und Pflege

Die richtige Reinigung und Pflege der Ausrüstung ist eigentlich ganz einfach und nimmt auch kaum Zeit in Anspruch, wenn man weiß, wie's geht.

Es ist nicht allzu viel, was man zur Reinigung benötigt: Druckluft oder ein Pneupinsel, Linsenpapier oder ein Mikrofasertuch, eventuell auch Reinigungsflüssigkeit und dann noch ein sauberes, fusselfreies Tuch (hervorragend geeignet ist ein älteres, mehrmals gewaschenes Küchenhandtuch) genügen, um die gesamte Ausrüstung bestens sauberzuhalten.

Als Grundregel gilt, die Linsen nie (!) mit den Fingern zu berühren, denn Schweiß ist eine ziemlich aggressive Säure. Staub wird mit Druckluft oder mit dem Luftpinsel von den Linsen abgepustet. Diese Art der Reinigung verhindert, dass beim Entfernen des Staubs Kratzer auf der empfindlichen Oberfläche entstehen. Dann immer noch haftende Staubteilchen können vorsichtig mit dem Pinsel aufgenommen werden.

Mikrofasertücher, wie sie im Fotofachhandel oder beim Optiker zu bekommen sind, eignen sich ganz besonders gut, die Linsen auch von hartnäckigen Verschmutzungen zu befreien: Kurz anhauchen und abwischen. Der Rest der Kamera wird feucht ab- und dann trocken gewischt.

Ist die Kamera im Regen oder am Strand nass geworden:

- Süßwassertropfen werden mit einem weichen Lappen oder einem Linsenputztuch vorsichtig abgetupft. Danach mit Linsenpapier oder Mikrofasertuch reinigen.
- Salzwasser wird zunächst mit einem feuchten Tuch (Süßwasser) abgewischt, dann gereinigt.

Machen Sie es sich zur Regel, die Kamera nach jeder Fototour zu reinigen; auf Reisen täglich jeden Abend. Das gilt besonders für die Frontlinse des Objektivs, denn was sich hier als Fingerabdruck, Staub oder Schlieren abgesetzt hat, ist der Bildqualität abträglich.

Kapitel 9

Zeitreise

9.1 Hat Fotografie noch Zukunft?

Die kurze Geschichte der digitalen Fotografie und ihre rasante Entwicklung lässt sich sehr schön folgendem Manuskript entnehmen, das im Jahr 1986 verfasst worden ist. Damals, in den Anfangstagen digitaler Fotografie, habe ich mir über deren Zukunft Gedanken gemacht. Lesen Sie selbst.

Die Chancen der konventionellen Silberfotografie angesichts neuer elektronischer Medien

Bereits vor einiger Zeit tauchten elektronische Stehbildkameras auf, die das Foto nicht mehr auf einem Film aufzeichnen, sondern auf Magnetspeichern. Vergleichbare Technik wird bereits in Videokameras verwendet. Diese „Still-Video-Kameras“ waren bislang immer Prototypen, von denen nicht feststand, ob und wann sie jemals auf den Markt kommen. Mit der photokina '86 hat sich das geändert: So viele Hersteller wie noch nie zuvor zeigten durch Prototypen ihr Interesse an der neuen Technologie; die erste serienreife Kamera wurde gezeigt. Hat die konventionelle Fotografie angesichts dieser Entwicklung noch Zukunft, oder ergeht es ihr wie dem Schmalfilm, der innerhalb kurzer Zeit von Video schlicht überrollt wurde?

Sony Mavica

Um es vorweg zu nehmen – Stillvideo ist trotz der ersten serienreifen Kamera für die nächsten Jahre noch mehr Utopie denn Wirklichkeit.

Die erste serienreife elektronische Kamera

Die elektronische Stehbildkamera von Canon wird bereits für den amerikanischen Markt (NTSC-Fernsehnorm) produziert und soll Anfang des Jahres 1987 auch für die europäische Fernsehnorm PAL angeboten werden – für rund 8.000 DM. Andere Firmen wollen mit der Markteinführung warten, bis es gelungen ist, die Preise deutlich zu reduzieren. Bei Panasonic rechnet man damit, die zur photokina als Prototyp vorgestellte elektronische Sucherkamera in etwa zwei Jahren zu einem Preis um 2.000 DM anbieten zu können. Die Firmen Fuji, Nikon, Konica und Minolta mochten sich noch nicht auf Termine festlegen, aber es ist anzunehmen, dass sie Panasonic in Preisgestaltung und Markteinführung folgen werden. Der angepeilte Preis liegt in der Region gehobener Kameras. Kann Stillvideo die konventionelle Silberfotografie verdrängen?

Canon ION

Nach einer Prognose von Dr. Joachim Lohmann von der Firma Agfa wird der Farbnegativfilm mit 64% Marktanteil im Jahr 2000 trotz eines Rückgangs um 10% noch immer das beherrschende Bildaufzeichnungsverfahren sein. Elektronische Kameras werden bei einem Wachstum von jährlich 2,5% dann 25% Marktanteil verbuchen können, vorausgesetzt, der Preis liegt deutlich unter 1.000 DM für die Kamera.

Wo liegen die Vorteile der neuen Technologie?

Ein Szenario 2000 könnte so aussehen: Beim Druck auf den Auslöser wird automatisch scharf gestellt, die richtige Belichtung und Farbgebung eingesteuert und das Bild mit beliebigen zusätzlichen Daten wie Motivbeschreibung oder Datum auf Magnetspeicher (Diskette) elektronisch aufgezeichnet.

Das Bild kann nun sofort mit einem Recorder über den Farbfernseher betrachtet werden, ein Farbdrucker liefert innerhalb kürzester Zeit von den gelungenen Bildern einen Abzug in beliebiger Größe bis Format DIN A 4 oder gar DIN A 3. Mit dem Heimcomputer können die Fotos eingelesen und auf dem Farbmonitor in vielfältiger Weise weiterbearbeitet werden. Aufwendige und schwierige Fotolaborarbeiten wie die Montage zweier Fotos, beliebige Farbänderung jedes Gegenstandes – die helle Haut wird auf den Urlaubsbildern einfach schön braun getönt – oder die Kombination von Computergrafik mit Foto werden per Knopfdruck genauso einfach möglich sein wie gekonnte Überblendschauen.

Das elektronische Bild kann über den Rechner bezüglich Schärfe, Körnigkeit, Kontrast, Belichtungsumfang und Farbbrillanz deutlich verbessert werden. Die Bilder können über das normale Telefonnetz mit einem Akustikkoppler überall dorthin gesandt werden, wo ein Telefon und ein Empfänger stehen. Es kann direkt in Satzanlagen für den Druck eingegeben, dort aufbereitet und ohne Umwege für die Druckplattenherstellung eingesetzt werden.

So wird es in Kombination dieser Techniken beispielsweise möglich sein, dass ein Sportreporter die Bilder vom Fußballspiel sofort nach Spielende über Telefon an die Redaktion schickt und wenige Minuten später erfolgt bereits der Andruck. Fernsehanstalten können nahezu verzögerungsfrei nach dem Entstehen der Aufnahme senden.

Presse und Fernsehen dürften demnach die ersten sein, die trotz bescheidener Qualität die Schnelligkeit und damit Aktualität des neuen Mediums nutzen. Ebenso wahrscheinlich, dass Polizeidienste bei Fahndungen auf das schnelle Medium zurückgreifen werden.

Die geschilderten Möglichkeiten sind Stand der Technik – obzwar in der oben geschilderten, umfassenden Kombination mangels einheitlicher Normen noch nicht verwirklicht. Canons Kamera etwa kann die Fotos auf dem Fernsehgerät zeigen, farbig ausdrucken und über Telefon senden. Das dazu nötige System allerdings kostet noch rund 90.000 (neunzigtausend) DM.

Die Grenzen der Elektronik

Augenblicklich bewegt sich Stillvideo unter dem Qualitätsniveau der Discfilme – und die wurden vor allem deshalb ein Flop, weil die Qualität nicht ausreichte. Das Auflösungsvermögen des Lichtsensors (CCD-Chip), gemessen als Anzahl der Pixel, beträgt knapp 500.000 bei Stillvideo, das Disc-Format erreicht mit 1,5 Millionen bereits das Dreifache. Über das dreißigfache (!), d.h. 15 Millionen Pixel Auflösung bietet das Kleinbildformat. Manche Experten gehen gar von 20 Millionen Bildpunkten beim Kleinbild aus. Das heißt, es sind noch deutliche Entwicklungen in der Elektronik nötig, bis eine akzeptable Qualität erreicht ist – von vergleichbarer Auflösung ganz zu schweigen.

Aufgenommen mit Canon ION

Weniger die Auflösung des CCD-Chips stellt dabei ein Problem dar – kurz vor der photokina '86 wurde ein neuer Chip mit immerhin 1,4 Millionen Pixeln vorgestellt – sondern das Speicherproblem der Bilder auf der kleinen Minidiskette sieht einer Verbesserung noch entgegen: Mit zunehmender Bildauflösung steigt auch der Speicherbedarf pro Bild enorm an und bislang ist kein Speichermedium in Sicht, das dies innerhalb einer kleinen Kamera zu leisten vermag.

Es kann allerdings davon ausgegangen werden, dass sich Stillvideo auch bei schlechterer Qualität als die konventionelle Silberfotografie ausbreiten wird – eine ähnliche Entwicklung war im Schmalfilmbereich beim Eindringen von Video zu beobachten.

Die Vorzüge kombinieren

Idealerweise bietet sich in Zukunft die Kombination beider Medien an. Zunächst die hohe Auflösung des Films bei der Aufnahme zu nützen, diese Bildinformation in digitale Signale zu übersetzen und auf Magnetspeicher zu überspielen, um dann die Vorteile elektronischer Weiterverarbeitung zu nutzen, wie sie oben bereits angesprochen wurden. Finden sich Anbieter, die das Überspielen der Filminformationen auf Videofloppy übernehmen, kann die magnetische Aufzeichnung in hervorragender Qualität weiterbearbeitet werden. Und da Heimcomputer immer billiger und leistungsfähiger werden, einst vielleicht sogar damit in befriedigender Qualität.

Diese Überspielmöglichkeit ist bereits Stand der Technik, findet bislang allerdings erst in sehr teuren Systemen in dieser Qualität Anwendung, bei den Scannern zur Herstellung der Druckvorlagen beispielsweise. Es existiert daneben für den Heimgebrauch der Videotransfer, das Überspielen hochwertiger Kleinbildaufnahmen (15 Millionen Bildpunkte) auf die 400.000 Bildpunkte des heimischen Fernsehers.

Gewichtung der Fakten

Eine preiswerte Kleinbildkamera kostet im Augenblick etwa 300 DM, eine elektronische Kamera dagegen bei einem 30stel der Leistung 14.000 DM einschließlich des unbedingt notwendigen Abspielgerätes. Sollen die Fotos ausgedruckt werden, sind weitere 16.000 DM fällig. Es ist zwar mit erheblichen Preisreduzierungen zu rechnen, das Problem vergleichbarer Auflösung allerdings ist schon der Speicherprobleme wegen nicht so schnell zu lösen.

Die Vorteile elektronischer Bildaufzeichnung liegen hauptsächlich in der sofortigen Verfügbarkeit der Aufnahmen und bei den mannigfaltigen Manipulations- und Weiterverarbeitungsmöglichkeiten. Allen Werbesprüchen zum Trotz, die sicher noch auf uns zukommen werden, erhebt sich die Frage, wer diese Möglichkeiten überhaupt ausschöpfen wird. Es geht das Gerücht, dass in vielen Haushalten die Staubschutzhaube mittlerweile das wichtigste Zubehörteil des Computers geworden ist…

Es steht trotzdem zu befürchten, dass sich die elektronische Bildaufzeichnung trotz schlechterer Qualität langfristig durchsetzen wird – und das gerade wegen scheinbarer Vorteile (elektronische Manipulationsmöglichkeiten), die dann nur wenige wirklich ausnutzen werden.

Die Vorteile der konventionellen Fotografie liegen im günstigen Preis, vor allem aber in der weit höheren Qualität.

Wird die sofortige elektronische Weiterverwendung nicht benötigt, bleiben als preiswertere und bessere Alternativen auf lange Zeit die Sofortbildfotografie als gleichfalls sehr schnelles Medium und die Silberfotografie mit unerreichter Qualität. Beide können zudem gleichfalls elektronisch erfasst und bei höherer Ausgangsqualität entsprechend weiterverarbeitet werden.

Nicht vergessen werden sollte schließlich, dass das Silberbild ein ausgereiftes Medium darstellt. Bei dem es zwar sicher noch Verbesserungen geben wird, vor allem hinsichtlich besserer Farbkopien. Das aber im Gegensatz zur Elektronik „systemkompatibel" bleiben wird: Der Kleinbildfilm, ob Dia, Farb- oder Schwarzweißnegativ, passt in alle Kleinbildkameras und wird das auch künftig tun. In der Elektronik werden Weiterentwicklungen zu Lasten bereits bestehender Systeme und Normen gehen.

Zukunftsthesen

Für den Silberfilm ist kein vergleichbarer Nachfolger in Sicht. Berufsfotograf wie Amateur tun gut daran, ihn auch weiterhin als das Speichermedium Nummer eins einzusetzen. Die Möglichkeiten und Chancen, die in einer elektronischen Weiterverarbeitung liegen, bleiben deshalb für den, der sie nutzen möchte, in Zukunft keineswegs verschlossen. Mit hochwertigen Konvertierungsgeräten sind beste elektronische Weiterverwendungsmöglichkeiten gegeben. Die elektronische Kamera als Gegenstück dazu, die Entsprechendes zu leisten vermöchte, ist noch nicht in Sicht.

Die Möglichkeiten der elektronischen Bildverarbeitung dürften allerdings das Fotolabor – auch das zuhause – in absehbarer Zeit revolutionieren.

Stillvideo hat nur dann die Chance großer Verbreitung, wenn der Verbraucher bereit sein wird, für weniger mehr zu bezahlen.

9.2 Heute ist übermorgen

Diese kleine Zeitreise beleuchtete den Stand der digitalen Fotografie von vor mehr als fünfzehn Jahren.

„Akustikkoppler" – jene Geräte, die direkt an den Telefonhörer geklemmt wurden, um Daten mit rasanten 300 Baud (entspricht 300 Bit pro Sekunde) zu übertragen (heute wird mit 100facher Geschwindigkeit und mehr übertragen), gibt es heute ebenso wenig mehr wie ausgesprochene Heimcomputer.

Ein Commodore 64, ein Atari 520, ein Sinclair QL – sie alle wurden längst durch neuere Personalcomputer ersetzt, die heute eine damals schier unglaublich scheinende Leistung auf den heimischen Schreibtisch bringen.

Mit einem modernen Rechner mit 17-Zoll-Farbmonitor und ausreichend großen Fest- und Wechselplatten, einer heute durchaus üblichen Standardkonfiguration mithin, ist jeder in der Lage, digitale Fotografien in absolut professioneller Qualität zu bearbeiten.

Das Schreckgespenst der möglicherweise zu schwachen Qualität in der digitalen Fotografie hat sich glücklicherweise nicht bewahrheitet. Was die Auflösung und damit Qualität der digitalen Kamera angeht, fand eine ganz ähnliche Entwicklung statt wie im restlichen digitalen Bereich: Die Spitzenklasse von heute wird zur Mittelklasse von morgen, und übermorgen beginnt das digitale High-End.

Wie schön, dass wir bereits im Übermorgen leben…

Anhang

Formeln zur Fotografie

Beachten Sie bei den folgenden Berechnungen, dass die Werte in der wirklichen Welt selten so exakt sind: Ein Objektiv, das (der Einfachheit halber) mit Brennweite 50 mm angegeben ist, kann durchaus 48 mm oder 53 mm tatsächliche Brennweite aufweisen. Die Rechenergebnisse können deshalb immer nur Näherungen sein; sind aber hinreichend genau.

Unschärfekreis

In den Formeln zur Schärfentiefe, zur hyperfokalen Distanz usw. findet sich der Wert u = Unschärfekreis. Damit ist der zulässige Durchmesser eines Bildpunktes bei der Aufnahme bezeichnet, der noch scharf erscheinen soll. Er wird so klein gewählt, dass alle Bildpunkte, die diesen Wert nicht überschreiten, vom (begrenzt auflösungsfähigen) Auge auch in der Vergrößerung noch als scharf akzeptiert werden.
Für u legt man heute in der Regel 1/2000 (früher 1/1500) der Formatdiagonalen zu Grunde. Hier einige typische Aufnahmeformate (Sensorgrößen) und deren Abmessungen:

Nominalgröße	Abmessungen	Diagonale
1/3,6 Zoll (= 6,8 mm)	3,0 mm x 4,0 mm	5,0 mm
1/3 Zoll (= 8,2 mm)	3,6 mm x 4,8 mm	6,0 mm
1/2,7 Zoll (= 9,0 mm)	4,0 mm x 5,3 mm	6,6 mm
1/2 Zoll (= 12,2 mm)	4,8 mm x 6,4 mm	8,0 mm
1/1,8 Zoll (= 13,6 mm)	5,3 mm x 7,2 mm	8,9 mm
2/3 Zoll (= 16,3 mm)	6,6 mm x 8,8 mm	11,0 mm
1 Zoll (= 25,4 mm)	9,6 mm x 12,8 mm	16,0 mm
4/3 Zoll (= 32,7 mm)	13,5 mm x 18,0 mm	22,5 mm
APS-C	16,7 mm x 25,1 mm	30,1 mm
KB (Vollformatsensor)	24,0 mm x 36,0 mm	43,3 mm

So ergibt sich beispielsweise für einen Bildwandler mit 1/2,7 Zoll ein zulässiger Zerstreuungskreis von nur rund 1/300 mm:

$$6{,}6\ \text{mm} / 2000 = 0{,}0033\ \text{mm}$$

Im Umkehrschluss bedeutet das, auch das Objektiv muss (mindestens) 300 Linien pro Millimeter auflösen, sonst ist das System nicht in der Lage, die verlangte Schärfe zu liefern.

Blende

Die Blende k ist definiert als das Verhältnis Brennweite f zu Durchmesser D.

$$k = \frac{f}{D}$$

$$D = \frac{f}{k}$$

Vergleich von Blendenwert und Lichtstärke

Da der Blendenwert eine Kreisfläche beschreibt, bedeuten bereits geringe Werteänderungen große Flächenänderungen: Eine Blende 2,0 meint eine doppelt so große Fläche wie 2,8 und ist demnach doppelt so lichtstark.

Mit der Formel $D = \frac{f}{k}$ bestimmt man zunächst den Durchmesser. Daraus errechnet sich die Kreisfläche A:

$$A = \frac{D^2\,\pi}{4}$$

Angenommen sei eine Brennweite von 20 mm: Aus Brennweite und Lichtstärke wird der Durchmesser D

20 / 2,8 = 7,1

und daraus wiederum die resultierende Kreisfläche A

7,1 * 7,1 * 3,14 = 160 / 2 = 80

berechnet. Vollzieht man das auch noch mit der Lichtstärke 2,0 nach, so zeigt sich, dass sich im letzteren Fall eine doppelt so große Fläche ergibt, durch die das Licht einfallen kann.

Förderliche Blende

Der beste Kompromiss zwischen Schärfentiefe und Beugungsunschärfe ist erreicht, wenn Beugungsscheibchen und Unschärfekreis den gleichen Durchmesser haben. Diese so genannte förderliche Blende bestimmt sich nach folgender vereinfachter Formel, die für die Praxis aber hinreichend genau ist; das Resultat bezeichnet die am Objektiv einzustellende nominelle Blendenzahl:

$$k_{opt} = \frac{1500\ u}{\beta' + 1}$$

Wobei u = Unschärfekreis; ß' = Abbildungsmaßstab.

Hyperfokale Distanz

Die hyperfokale Distanz wird nach folgender Formel berechnet:

$$b = f\frac{f}{k\ u} + 1$$

Oder näherungsweise:

$$b = \frac{f^2}{k\ u}$$

Ergebnis ist eine Strecke in Millimetern. Wobei f = Brennweite; u = zulässiger Unschärfekreis ; k = Blende.
Beispiel: Brennweite 35 mm und Blende 8 ergibt b = 7 m für Kleinbild. Bei Einstellung auf diese Distanz reicht die Schärfentiefe von Unendlich bis zur halben hyperfokalen Distanz von 3,5 m.

Schärfentiefe

Mit folgender Formel kann man die Schärfentiefe für jede Brennweite und Blende ausrechnen:

$$t_s = 2\,k\,u\,\frac{1+\beta'}{\beta'^2}$$

Wobei u = Unschärfekreis; k = Blende; ß' = Abbildungsmaßstab.
Das Ergebnis gilt streng genommen nur für annähernd symmetrische Objektive mit einem Pupillenmaßstab von ca. 1 (Eintrittspupille = Austrittspupille). Es gibt in der Praxis aber auch für andere Objektive hinreichend genaue Anhaltspunkte. Exakter berechnen folgende Formeln:
Für Abbildungsmaßstäbe kleiner 1:10 (0,1), für den Fernbereich mithin, werden mit folgenden Formeln der vordere und hintere scharf erscheinende Punkt (av und ah) errechnet:

$$a_v = \frac{a\,f^2}{f^2 + k\,u\,(a-f)} = \frac{a\,b}{b + (a-f)}$$

$$a_h = \frac{a\,f^2}{f^2 - k\,u\,(a-f)} = \frac{a\,b}{b - (a-f)}$$

Wobei a = Aufnahmeentfernung; b = hyperfokale Distanz; f = Brennweite; k = Blende; u = Unschärfekreis.
Die gesamte Schärfentiefe ts ergibt sich demnach so:

$$t_s = a_h - a_v = \frac{2\,a\,b\,(a-f)}{b^2 - (a-f)^2}$$

Für den Nahbereich und Abbildungsmaßstäbe größer 1:10 (0,1) kommt folgende Formel zur Anwendung:

$$t_s = \frac{2\,k\,u\,(m+1)}{m^2}$$

Aufgrund der im Nahbereich geringen Schärfentiefe macht es hier wenig Sinn, av und ah zu berechnen.
Bei Verwendung kurzer Brennweiten unter 35 mm und/oder kleiner Blendenöffnungen (22 und kleiner) muss obige vereinfachte Formel erweitert werden:

$$t_s = \frac{2\,k\,u\,(m+1)}{m^2 - (\frac{k\,u}{f})^2}$$

Höhengewinn durch Shiften

Der Streckengewinn bei der Verschiebung eines Shiftobjektivs kann errechnet werden:

$$S_m = \frac{A\,O}{f}$$

Wobei S_m = Streckengewinn in Meter; A = Aufnahmeabstand in Metern; O = Objektivverstellung in Millimetern; f = Brennweite in Millimetern.

Leitzahlrechnung

$$k = \frac{LZ}{A}$$

Wobei k = Blende; LZ = Leitzahl; A = Aufnahmedistanz in Metern.
Aus dieser Formel ist ersichtlich, wie sich unterschiedliche Leitzahlen bei einem Blitzgerät auswirken: Verdoppelt sich die Leitzahl von 22 auf 44, dann entspricht das einer Vervierfachung der Lichtmenge, da die Blende bei ansonsten gleich bleibenden Aufnahmevoraussetzungen um zwei Stufen geschlossen werden kann.

Nahlinsenrechnung

Die mit einer Nahlinse erreichbaren Abbildungsmaßstäbe können nach den folgenden Formeln errechnet werden. Dabei wird es zuerst notwendig sein, die Brechkraft der Vorsatzlinse, angegeben in Dioptrien, in die Brennweite umzurechnen:

$$f = \frac{1}{D}$$

Wobei f = Brennweite der Vorsatzlinse in Metern; D = Dioptrien.
Diese Brennweitenangabe in Metern muss jetzt in Millimeter umgerechnet werden (*1000), danach kann die Gesamtbrennweite des optischen Systems bestimmt werden:

$$f_G = \frac{f_1 * f_2}{f_1 + f_2}$$

Wobei f_1 = Brennweite des Objektivs; f_2 = Brennweite des opt. Vorsatzes.
Mit diesem Wert kann nun der Abbildungsmaßstab für die verschiedenen Bildweiten berechnet werden, wobei der Auszug des Schneckengangs zur Brennweite des Objektivs zu addieren ist, um die Bildweite zu erhalten:

$$\beta' = \frac{a'}{f_G} - 1$$

Wobei ß' = Abbildungsmaßstab; a' = Bildweite; f_G = Brennweite des Systems.
Schließlich kann die Dezimalzahl noch in die gebräuchliche Maßstabsangabe 1:x umgewandelt werden:

$$x = \frac{1}{\beta'}$$

Beispiel: Brennweite 50 mm, Nahlinse +2 Dioptrien:
Brennweite der Nahlinse:

1/D = 1/2 = 0,5 m; 0,5*1000 = 500 mm.

Gesamtbrennweite:

(50*500)/(50+500) = 25000/550 = 45,45 mm.

Bei 0 mm Auszug (Unendlichstellung):

50/45,45 -1 = 0,10; Maßstab = 1:10.

6 mm Auszug:

(50+6)/45,45 -1 = 56/45,45 -1 = 0.23; Maßstab = 1:4,34.

Interessantes offenbart sich, wenn man einmal einige Kombinationen durchrechnet: Die Wirkung der Nahlinsen nimmt mit wachsender Brennweite zu. Ist bei einem Objektiv mit 50 mm Brennweite und einer Nahlinse mit +5 Dioptrien ein maximaler Abbildungsmaßstab von 1:2,5 möglich (Auszug 6 mm), so lässt sich mit ihr bei einem Teleobjektiv 250 mm (Auszug gleichfalls 6 mm) ein Abbildungsmaßstab von immerhin 1,3:1 realisieren – und all das ohne Verlängerungsfaktor!

Index

C

D

E

F

G

H

I

J

K

L

M

N

O

P

R

S

T

U

V

W

X

Z

Printed in Poland
by Amazon Fulfillment
Poland Sp. z o.o., Wrocław

93955817R00145